卓越人士的七种能力

李松仁◎编著

在现今的生活和时代之中，只有我们拥有了一定的能力，
才能够在这个强手如云、竞争激烈的时代获得自我人生价值的最佳体现。

吉林出版集团股份有限公司

图书在版编目（CIP）数据

卓越人士的七种能力 / 李松仁编著. —长春：吉林出版集团股份有限公司, 2018.6

ISBN 978-7-5581-5059-3

Ⅰ. ①卓… Ⅱ. ①李… Ⅲ. ①成功心理—通俗读物 Ⅳ. ①B848.4-49

中国版本图书馆CIP数据核字(2018)第099942号

卓越人士的七种能力

编　　著　李松仁
总 策 划　马泳水
责任编辑　王　平　史俊南
封面设计　中易汇海
开　　本　880mm × 1230mm　1/32
印　　张　8
版　　次　2019年3月第1版
印　　次　2019年3月第1次印刷

出　　版　吉林出版集团股份有限公司
电　　话　（总编办）010-63109269
（发行部）010-67482953
印　　刷　三河市元兴印务有限公司

ISBN 978-7-5581-5059-3　　定　价：38.00元

前言 FOREWORD

我们生活在一个靠能力说话的时代，生活在一个靠能力去生存的社会。这就是我对这个世界、这个时代的概括。难道我们没有看到，在这个社会、这个时代之中，那些成功的人士，无一不是依靠着自身的能力才获得成功的吗？在这个特殊的时代，你只有拥有一定的能力，才能走向卓越，才能走向成功。

当你拥有了一定的能力之后，你便会拥有了成功的基础。这就是我在这本书里面所要阐述的。不仅如此，我还对一些大家所熟悉的商界精英的成功经验进行了剖析，发现了他们之所以成功的秘诀：即就在于他们无一不拥有两种与他人不同的特殊能力。在此基础之上，本书还系统地分析了这些能力是怎样促使他们走向成功的，这些能力应该通过什么样的方式去修炼，并且得以提高。

能力代表成就，能力就是财富！在现今的社会和时代之中，

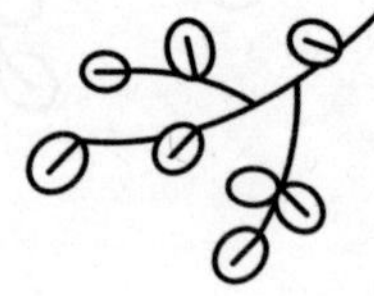

前言 FOREWORD

只有我们拥有了一定的能力，才能够在这个强手如云、竞争激烈的时代更好地实现自我人生价值。

愿你能够拥有超强的能力挺立于时代大潮之中！

CONTENT 目录

第一章　伴随着时代的脉搏跳动
——弹性的适应才能

第二章　自己的人生需要自己编导
——坚韧的自控才能

第三章　捕捉人生最美丽的风景

——敏锐的观察才能

第四章　改变固有思维模式和行为习惯

——独特的创新能力

第五章　善结人际关系网

——和谐的社交能力

第六章　学习新的知识和技能

——谦虚的学习能力

第七章　键盘上跳舞的手指

——完美的领导能力

第一章　伴随着时代的脉搏跳动

——弹性的适应才能

如果说人生是一段舞曲，那么只有跟随着鼓点的节奏跳动，才能展现出和谐而美妙的舞姿。人生舞曲的鼓点就是我们生存的环境和时代跳动的脉搏。在我们现实的生活之中，那些令人羡慕的成功者、卓越人士，莫不是能够很好地合上人生舞曲的节拍翩翩起舞的王子和公主。

命运靠我们自己把握

我们每一个人都是上帝之子，我们永远不会被上帝所抛弃，我们只会被我们自己所抛弃。

当在生活或者工作之中遇到不幸的事情，遭遇到挫折的时候，很多人都会感叹道：“为什么生活是这样的不公平，上帝为什么偏偏青睐成功的人？”埋怨，不停地发泄着心中的牢骚，仿佛就成了他们生命的全部内容。于是，他们便在埋怨、牢骚之中不断任凭大好的时光从自己的身边逝去。

真的像是他们所埋怨的那样，那些成功的人士之所以取得成功，是因为受到了上帝的青睐，给予了他们比其他人更好的发展空间和发展机会吗？我想就是连那些长吁短叹、埋怨上帝不公的人，也不会真正相信：成功人士之所以成功，是因为上帝对他们的厚爱。

翻开古今中外的历史，我们可以看到，很多成功人士，并不是一生下来就注定了将来会取得成功。他们在没有成功之前，和我们一样都是再普通不过的一般人。例如，法兰西第一帝国的缔造者——拿破仑，在没有建立法兰西第一帝国前，又有谁会知道他这样的一个人呢？还有建立了西汉王朝的刘邦，又有谁会知道一个小小的亭长，最后会成为一代帝王？这些例子举不胜举。我们能够清晰地感觉到，成功人士，不管他是怎样的卓越，也都是普通人。他们之所以获得成功，在很多情况下，是通过对自我心态的调整，使得自己积极地融入社会大环境之中，顺应时代发展的结果。中国不是有一句俗语叫说“时势造就英雄”吗？

确实，上帝给予我们的是同样的环境和机会。而在现实生活中，之所以有的人能够获得成功，有的人一辈子碌碌无为，很大程度上，还是在于成功人士能够积极地调整自我的心态，使得自己与周围的环境融为一体，顺应社会的需求，顺应时代的发展而已。

我们都是上帝之子，上帝给予我们的一切是同等的。如果我们真想获得成功，卓越地成长的话，就应像是一个故事之中所说的那样：

有个人去让一个智者看自己的掌纹，询问自己的命运。智者看了一眼他的掌纹说道：“你自己已经知道了还来问我干什么？”

那个人感到很奇怪，惊诧不已地看着智者。

智者微微一笑解释道：“你让我看的是什么？”

那个人狐疑地回答道：“掌纹。”

“那么，掌纹在哪儿？”

“在我的手掌之中。”

“既然你知道掌纹在你的掌中，那么你的命运不就是在你的手中吗？你又何必问我呢？”

智者的话确实一点都没有错。上帝赐予了我们同等的机遇，而把握自己命运的还是我们自己的双手。既然命运是由我们自己的双手所创造的，我们又何必在遇到困难和挫折的时候，去埋怨，去发牢骚，而不从自身找原因，找出导致问题的真正原因所在呢？

或许，你还有很多很多的借口，说什么并不是你不想去改变，不想成功，成为卓越的人士，而是因为旁人的不了解，或者一些

其他方面的原因。其实，这些并不全是原因，只是一种借口罢了，一种弱者的借口。

本特立特原来是一家广播电视公司某栏目的撰稿人，工作也十分出色。由于该公司里人才济济，他觉得自己很难获得很好的发展前景，于是便跳槽到了另外一家同行业的公司，继续干老本行。本特立特新工作的这家公司，是一家新成立没有多久的公司。和他原来工作的地方相比，各个方面都显得不怎么成熟。办公设施和环境比起原来的公司更要差很多。这对一直在大公司里面上班的本特立特来说，毫无疑问有些不适应。也就是因为这些，本特立特工作起来觉得很是别扭，觉得有些不顺手，由此，也大大地影响和降低了原有水平的发挥，所有的稿件都显得大失水准。

本特立特的老板觉得有些奇怪，经过一番思索之后，找本特立特进行了一次推心置腹的交谈。在整个交谈之中，本特立特一直在叹气埋怨，将自己工作方面的原因都归结到了公司方面，说各个方面不成熟、办公设备差、环境不好等。

老板听得直皱眉头，他真的想不到竟然是这样的原因。在当时，他也没有过多说什么，安慰本特立特说公司还属于初创阶段，这些以后都会变好的。他满以为自那次谈话之后，本特立特会有所改变的。让老板没有想到的是，本特立特不仅没有积极地改变自己，适应新的环境，反而越来越觉得自己和公司格格不入。待了一段时间之后，本特立特主动呈上了辞职报告，离开了这家公司。

对于本特立特的离开，虽然老板感到有些遗憾，但是，已经成了事实，也就无法挽回了。但是，并不是说本特立特的离去会使得该公司从此便宣告破产。也就是在本特立特离开这家公司半年之后，一件连本特立特都没有想到的事情发生了。这家广播电视公司得到了空前的发展，最后收购了本特立特原来工作的那家广播电视公司。本特立特在得知这一消息之后，悔之晚矣！

试想，如果本特立特在那个时候能够调整自己的心态，留在那家公司，何尝不能够获得很好的发展呢？那么，究竟是什么原因，是谁让本特立特丧失了在那家公司生存发展的机会呢？是上帝吗？还是那家公司的老板？还是其他的原因，或者其他的人？

说来说去，真正的促使本特立特丧失了在那家广播电视公司生存和发展机会的，是他自己，是他不能够及时地调整好自己的心态，融入到新的环境之中造成的。

上帝对待每一个人都是公平的。我们要时时地记住，我们都是上帝之子，我们也应该知道，谁也不能够掌握我们的命运，我们的命运掌握在自己的手中。这也告诉了我们，要想从平凡走向卓越，便要及时地调整好我们的心态，让自己能够顺应周围大的环境，能够跟得上时代的节拍。这才是根本。

世界上没有与你想象中一样的地方

你应该始终记住：你生活在现实之中，而不是生活在虚幻的世界之中。

每个人的心中都有一座美丽的城堡，大都希望自己能够生活在心中所设想的美丽城堡之中。然而，不管人们的心中对那座美丽的城堡想象得如何完美，在现实生活中，是绝对寻找不到心中那座美丽的城堡的。

记住，如果你想成为一个卓越的人，你就要始终明白，世界

上没有和你想象中一样的地方。那座美丽城堡只能是存在于心中的一个美好的愿望。你只能将那心中美丽的城堡，当作是自己的一个期望，一个梦想。它只能存在于你对未来的设想和展望之中。千万不要用心中的标准去面对身边的一切，面对生活中的环境。如果你真的以心中所想象的城堡的标准去面对现实之中的生活，真不知道你将以怎样的态度生存，才能够在现实生活中取得生存和发展的机会。

让我们将心中那座美丽的城堡作为我们的理想，作为人生的追求，积极地调整自己的心态，积极融入生存的环境之中，然后寻求自我发展的成功之路。这才是通往卓越之路。

安德森是一个标准的理想主义者，他完完全全生活在自己的理想之中。他喜欢音乐，喜欢 20 世纪六七十年代那个时候的电影，十分向往那个年代的生活。毫无疑问，像这样的人是具有非凡想象力的。他的文章写得很好，一些曾经看过他的文章的人，都称他为 21 世纪的“巴尔扎克”或者是“莎士比亚”。照理来说，像这样具有才华的年轻人，无疑能够凭借着自我的才能很容易取得成功。可是，不尽其然。这个才华横溢的年轻人生活十分潦倒，租住在纽约一所十分简陋的房子里。他的一些朋友常常劝告他，去找一份工作，凭着他的才能一定会做出一项事业来。然而，朋友们好心的劝告一次次地被安德森婉言拒绝。他会面带忧郁之色地感叹，感叹社会的环境是那样的乱，自己肯定是不可能适应的。

朋友们总是这样劝导他，劝他从自己心中虚幻的城市走出来，融入现实的生活之中。我们的安德森，这个绝对的理想主义者，生活在自己虚幻的“乌托邦”的安德森，在开始的时候，一次次地拒绝了朋友们的好意。一直到有一天，他连现有的生活状态都难以维持，在没有办法的时候，向朋友提出要他们给自己介绍一份工作。朋友们以为他真的转变了，当然愿意帮忙，于是将他介绍到了一家专门从事出版事业的文化公司。

从安德森具有的特长来说，进入出版公司正好能够发挥他自身的长处，能够将自身的才华发挥出来。正当朋友们等待着安德森带给他们好消息的时候，安德森满脸忧郁地回到了他们的身边。朋友还没有问他工作是否习惯、是否很好时，他长长地叹了一口气，说道：“我已经辞职了，我真的不适合那份工作。”

朋友们感到十分的诧异，询问原因。安德森无限忧郁地说出了原因。你知道原因是什么吗？说出来你肯定会觉得有些不可思议。原来，我们这位安德森之所以离开朋友辛辛苦苦介绍的文化公司，只不过是因为，那家文化公司并不像他在开始的时候所想象的那样美好。我们知道人际关系是复杂的，就像是一张没有办法理清的网。我们的安德森，这位理想主义者，也是极其单纯的年轻人，在这种钩心斗角、激烈竞争之中，就像是一个白痴一样，没有办法适应这种环境。而且，他甚至疑神疑鬼地认为公司的同事都在拿一种异样的目光在看他，在背后悄悄地议论他。这一切的一切，都是他开始的时候没有想到的，也和他所向往的经典影片之中表现出来的生活有着天壤之别。于是，他选择了逃避现实，重新回到了自己心中的“梦想国”。

朋友在听完了安德森的埋怨和牢骚之后，无奈地摇了摇头，眉头不由得皱了起来，不解地看着安德森，问道：“那么，你能

告诉我，你究竟要找一个什么样的地方才能够安心地工作呢？”

安德森沉思了片刻，说出了自己心中所想象地方的样子，就是那种20世纪六七十年代经典影片中表现的样子。

朋友真的感到没有任何办法了，盯着安德森看了半天才说道：“看来你只能回到那个时代了，即使你回到了那个时代，恐怕同样会令你感到失望。”

安德森没有说话，只是看着说这句话的朋友，紧皱着眉头，好像在想什么。

“你能找到与你想象中一样的地方吗？”朋友接着问道。

安德森沉默了，在片刻之后，才缓缓地说道：“可能不能。”

“那么，你现在生活在什么地方？”

“美国！”

“是的，你现在生活在21世纪的美国，生活在美国的纽约。你既然知道了这些，为什么还在逃避呢？”

安德森不再说话，朋友的话就像是一根针刺中了他的心。

朋友无限怜惜地看了一眼安德森，像是感慨，又像是在安慰安德森一样，说道：“既然我们生活在现实生活中，生活在现在的美国纽约，你又为什么非要眷恋那些不可能存在的世界，按着自己心中所想的去衡量周围的环境呢？世界上没有和你想象一样的地方。我们是生活在现实之中的。凭着你的才能我想你一定会有所成就的。”

朋友的手轻轻地拍在了安德森的肩头。安德森点了点头。

就像安德森的朋友所说的一样，世界上没有一个地方会与我们所想象的地方一模一样。我们是生活在现实之中的。我们只能勇敢地接受现实，不管现实是怎样的残酷，也不论现实的世界离我们心中的梦想有着多大的差距。我们只有调整自我，积极地融入现实的生活之中，变被动为主动，才能够把握住我们自己的命运，才能够让我们身上所具有的才能发挥出来，实现自身的价值。也只有这样才有可能接近我们心中的梦想，心中的乌托邦。

世界因你而变

世界原本是没有任何色彩的，你戴什么颜色的镜片去看世界，世界便是什么颜色！

我记得在我刚刚上小学的时候，偶然的机会我得到了一堆有色的透明玻璃。在那段时间里，我便迷上了用一块块有色的玻璃挡住自己的眼睛，去看世界的风景：用红色的玻璃，世界在我的眼里便变成了红色；用绿的，世界便变成了绿色，用黄的，世界便变成了黄色……这些有色的玻璃，像是充满了魔力，世界给了我不同的色彩。一时之间我竟然对世界原本的颜色产生了怀疑，让我不能够确切地断定世界原本的色彩。

“世界到底是什么颜色的？”有一天，我站在阳台上用一块黄色的玻璃去看远方风景的时候，我问在客厅看书的外祖父。

外祖父的目光从书本上移开了，疑惑不解地看着我。我想在那个时候，他肯定是在想我为什么突然间问这样的问题。

我又换了一块蓝色的玻璃继续去看外面的世界，一边看着眼前变成蓝色的世界，一边歪着脑袋问外祖父：“外祖父你能够告诉我吗？我真的想知道。”

外祖父合上了书本，走到了我的身边，看了看笼罩在阳光下的世界，又看了看我，说："你说世界是什么颜色的呢？"

透过蓝色的有色玻璃，望着蓝色的世界，我说道："蓝色的……不是，红色的……也不是，是绿色的……"我说出了许许多多不同的颜色，但是，始终不敢确定这个世界到底是哪一种颜色。因为，透过不同颜色的玻璃，我所看到的世界颜色也绝不相同。

外祖父用手轻轻地抚摸着我的脑袋，笑着对我说："你不是已经回答了自己的问题，已经告诉我了吗？"

我感到有些难以理解了，歪着脑袋看着慈祥的外祖父，睁大着一双疑惑的眼睛看着外祖父，像是在问：难道我刚才所有的回答都是正确的吗？难道这个世界就没有一个确定的颜色？

外祖父可能猜测到了我在想什么，看出了我心中的疑惑。他从我的手中接过了那堆有色玻璃，一块一块地递给我，然后让我告诉他，我看到的世界是什么颜色。

红色、蓝色、黄色……我一一告诉了外祖父。当所有的玻璃完了之后，外祖父又问了我一句："那么，现在呢？现在是什么颜色？"

我看着眼前的世界，说道："什么颜色都没有？"

外祖父没有再说什么，又重复了刚才的动作，让我再一次用有色的玻璃去看了一次世界。最后，我听到外祖父感叹道："世界原本是没有任何色彩的，你拿什么样的玻璃去看世界，世界便是什么颜色！"在他感叹完了之后，长长地叹了一口气，像是告诫我一样，说道："在你长大之后一定要记住世界是没有任何颜色的，你所看到的颜色都是你用有色眼镜看到的结果。"

在当时，我并不能够理解外祖父的话是什么意思，只是似懂非懂地点了点头。当若干年过去之后，经历了许许多多的事，我才猛然间领悟到了外祖父那句话的深刻含义。

是的，世界本来没有任何色彩。我们所看到的只是我们用一双有色的眼镜去看世界的结果。直到经历过了人生的磨难，渐渐地悟到一些人生的哲理的时候，我才知道原来外祖父要对我说的是，在现实生活中，不要只是用自我的观点和好恶去面对世界，用自我的观点去评定世界的好坏，而是要保持一种宽容的心态，调整自我，积极地适应社会的大环境，融入到多彩多姿的世界。这样，才是真正的人生。这样才能够实现自我价值，获得成功。

世界是千变万化的，并没有任何一个地方与我们心中的梦想一模一样，更不会所有的事情都像我们想象得那样美好。倘若我们只站在自己的立场，按着自己心中的理想去要求世界像我们理想中一样，无疑就像是戴着一副有色的眼镜去看待世界。在这个时候，因为在我们的心中预先就有了一个标准，并且以这种标准去评定世界，无形之中便会使得我们对现实的世界有一种无来由的排斥感，认为世界是那样的不尽如人意。也正是因为如此，那些本来便不该存在的思想和念头，就像是一根根绳索，禁止和桎梏了我们的思想，让我们很难投入社会大环境之中，去顺应时代发展的步伐，成了一个合不上节拍的笨拙的舞蹈者。试想，如果一个人不能够接受身边的事实，不能够适应环境，不能够赶上时代的节拍，又怎能够在现实之中展现自我才能，实现自我价值呢？就更不要说会取得成功，成为众人瞩目的卓越人士了。

正确地认识自己

心中存有“怀才不遇”的念头，把自己看得太高，是一种适应能力较差的表现，也是走向成功和卓越的障碍。要想使自己走向成功和卓越，就必须正确地认识自己，抛弃那种“怀才不遇”的念头。也只有这样才能够积极地适应周围的环境，从而取得更好的发展。

在现实生活中，我们总会听到有的人发出这样的埋怨，不从自己身上去寻找原因，而是把所有的一切都推到别的方面。说如果我是某某的话，我一定会比他干得还要出色。或者说是，真的不是我能力差，如果老板重用我的话，我想我现在绝对不是这样的。其实，在生活之中千万不要持有这样的念头。这种念头就像是一种慢性毒药，会慢慢地激生一种偏激的情绪，会对周围的环境，会对周围的人和事心存不满，从而会被周围的大环境所淘汰，变得怨天尤人，郁郁寡欢。

我们知道人最难认识的便是自己。也就是因为如此，在现实生活中，很多人便有了一种怀才不遇的感觉，认为自己之所以不能够成功，并不是自己才能不够，而是自己没有一个很好的发挥场所和机遇。难道真的是这样的吗？其实，不尽其然。在中国不是有一句俗语“是金子总会发光”吗？原因并非在其他的方面，而是在于你自己。

亨利·瑞克和亚特都是从得克萨斯州州立大学计算机专业毕业的大学生。不可否认，在校期间的他们都是表现优异的学生，学习成绩名列前茅，也是学校所组织的各项活动的积极分子。毕业后，他们共同进了当地的一家计算机公司，同样做了一名普通的编程员。亚特很是乐意地接受了这份工作。而一向自视过高的亨利·瑞克，原本他认为一进公司，便会受到重用，怎么也会让他负责某个部门的整体工作。可是，他万万没有想到的是，老板只是让他做一名普通的编程人员。这和亨利·瑞克原来所期望的差了很远。就像是泄了气的皮球一样，亨利·瑞克的激情以及想要干出一番成绩的念头风吹云散了，变得无精打采，干什么事情都提不起精神。试想，这样的工作态度又怎么能够干好工作呢？这一切都严重地阻碍了他实际水平的发挥，不要说能够编出很好的程序来，就是连最简单的编程也会出错。

亨利·瑞克不仅在工作上表现得不尽如人意，就是在工作闲暇的时间，和一些同事以及朋友聊天的时候，也是牢骚不断，认为自己没有得到重用，在这儿并不能够让他的才能得到很好的发挥。亚特劝诫亨利·瑞克把心态放正，不要太急于求成了，总有一天，上司会发现他的才能，会给予重用的。亨利·瑞克并没有听从亚特的劝告，仍然带着情绪去工作。

然而，在亨利·瑞克还没有向上司提交辞职信的时候，却先受到了一封辞退信。他被解雇了。

对于解雇，亨利·瑞克并没有感到意外和失落，反而觉得是一种解脱。于是他带着希望找到了第二份工作，同样是在一家计算机公司做编程员。同样，这家公司也令亨利·瑞克感到了失望，并没有提拔和重用他，仍然像是前面一家公司一样，让他从底层做起。理所当然，这与亨利·瑞克所期望的有所不同。同样他是

不会安心工作的。结果还像是前一家公司一样，没多久他便离开了，又重新去寻找工作。

亨利·瑞克在不停地寻找着工作，寻找能够让他发挥才能的公司。然而，不知道是不是上帝在和他开玩笑，没有任何一家公司会在亨利·瑞克一进公司便让他担任要职。即使是这样，他仍然没有放弃，相信总有一天会有人发现他的才能的。

转眼之间两三年的时光过去了。亨利·瑞克并没有找到慧眼识他这匹“千里马”的“伯乐”。他变得越来越消沉了。刚刚从学校出来时的激情被生活折磨得一干二净。而同他一块儿进第一家公司的亚特在这个时候，却已经成了那家公司技术部的负责人。

虽然亨利·瑞克确实是杰出的人才。但是又有哪一家公司会在他刚刚进入公司的时候，便一眼看到他身上的才能呢？是金子都会发光，其实只要亨利·瑞克调整心态，做好本职工作，上司便会发现他身上的才能，真正有才能的人，上司又怎么会不加以重用呢？

提倡个性并不提倡任性

我们提倡个性，但是我们并不提倡任性。个性和任性是两个含义绝对不同的词语。可是，在现实生活中，我们总是很容易将其混淆，将任性当成是个性，从而放纵了自我，难以与现实的环境相适应，阻碍了自身的发展。

现在是崇尚个性的时代。年轻人时不时将“个性”这个词挂在嘴边。“个性”一词使用的频率之高，可以说是超过了很多词。

有“个性”成了一种时尚。在我们身边，也有许多人正是通过自我个性的张扬走向成功，成为万人瞩目的卓越人士。像这样的例子，在娱乐圈屡见不鲜。如歌星麦当娜、以《加勒比海盗》一举成名的约翰尼·德普等，哪一个不是个性鲜明的人物？他们的成功在很大程度上也可以说是他们的个性所促成的。

21世纪是崇尚个性的世纪，一些伟大的成功学家如卡耐基等，也讲述了个性能够促使一个人走向成功，走向卓越。然而，遗憾的是，在现实生活中，有很多人难以真正地认识清楚到底什么是个性，将标新立异、哗众取宠当成了“个性”。这是一种极其幼稚的表现，也是阻碍他们走出平凡、迈向成功的桎梏。

凯特·瑞恩便是这样一个年轻人。确实，他给你的第一印象确实是那样的与众不同。大而宽松的服饰，满头染成黄色的长发，以及悬挂在左耳硕大的耳环，还有就是他在言谈时，情绪激扬的动作。你很可能认为他是一个极其具有个性的人。真的是这样吗？

“说真的，我不知道他到底为什么要这样子。我难以理解他。我并不认为他那是个性，而是一种任性。他总是用自己的要求去要求别人，还特别容易情绪化……”于勒，凯特·瑞恩的一个朋友是这样评价他的，并且说了一件事。

那是一个周末的下午，凯特·瑞恩和于勒像往常一样来到了经常去的一家酒吧。他们就像是往常一样聊天，聊起了他们所喜欢的篮球，聊起篮球飞人乔丹。于勒无意中说了一句关于乔丹并不怎么样的话，说其实皮蓬的实力和乔丹也差不多。没想到，就是这无意的一句话，让凯特·瑞恩变得愤怒起来，他和于勒争吵了几句之后，便怒气冲冲地走出了酒吧。像这样的事情，在凯特·瑞

恩的身上发生的不少。他的另外几个朋友也讲述了类似的事情。

凯特·瑞恩有一个很不好的习惯，就是在与任何人交谈的时候，都显得要高出别人一等，并且要表现得好像自己的学识比他人要高很多。琼斯，凯特·瑞恩另一个好朋友，常常出于好意劝诫他，以后在和人交谈的时候收敛一点。凯特·瑞恩并不接受他的好意，反而对琼斯说："我就是这样！"

这只是凯特·瑞恩身上一些不好的习惯之一，他还有许多的不好的习惯。例如，在公共场合抽烟，大声喧哗；对于任何事情只要不顺意，觉得不符合自己的要求，便立刻发作出来。理所当然，他的这种我行我素、一切以自我为中心、不顾忌他人感受的行为方式，让他很难融入现实的生活之中。他的朋友也越来越少了。然而，他并没有认识到这一点，依然以那样的状态活着，说这就是他，他就是这样。

你认为凯特·瑞恩的上述表现是有个性吗？我想你绝对不会认同吧！其实，他的这种状态，是一种对自我的放纵，一种极其任性的行为表现，同样，也是不能够积极地去适应环境的一种行为。这些任性和放纵自我的人，也是对自己要求不甚严格，是等待着环境适应他们，而不是去主动适应环境的一类人。在现实生活中，这是人们迈向成功和卓越的最大障碍。

那么，什么才算是真正的个性？个性与任性到底有着什么样的区别？

任性是思想不成熟，一切以自我为中心，把自己当成是太阳，希望全世界都围绕着他旋转的一种自私表现。而个性，在很大的程度上却是自身的修养和学识达到了一定程度所表现出来的气质。也就是说任性是一种浮在表面的现象，而个性确实是内在的、本质的一种自然流露。任性就像是蹩脚的二三流演员在模仿，而个性就像是天然纯真的自然流露。虽然在崇尚个性的年代，我们一直认为个性对一个人的成功有着很好的促进作用，可是，我们要时刻记住任性与个性之间的区别，要知道：真正的个性并非是那种从外表上引人注目的包装和表演，而是一种对知识有着一定的积淀以及具有一定的道德素质修养，自然而然所体现出来的一种本质，是最纯真的、最自然的表现。

良好的个性确实能够使得我们迈向成功，能够很好地融入社会大环境之中，被他人、被环境所接受。而自我放纵的任性，却是我们前进和发展的障碍。要想使自己变得卓越不凡，我们要时时刻刻牢记：任性不等于个性。我们要抛弃那种像表演一样标新立异，以及希望能够吸引他人眼球、引起他人注意的浮浅行为，而严格地约束自我身上的一些不良行为习惯，不断地加深自我知识的累积，加强自身的道德修养，积极地调整自我，使得自己能够适应周围的环境，养成真正的个性。这才是正确的通往卓越的人生之道。

改变世界还是改变自己

环境依靠一个人的力量是很难改变的，既然我们没有能力去改变环境，为什么不改变自己去适应环境呢？

你是伸出双手热情地拥抱世界，还是像一个旁观者一样冷眼观看世界的一切呢？当我们来到一个与我们有冲突、和想象中有

着很大差距，或者是一个与我们身上所具有的一切都有明显冲突的环境时，我们该怎么办？是去改变环境，还是改变自己去适应环境呢？这原本是一个用不着去思考的问题。在我们的行为意识之中，几乎所有人都会毫不犹豫地说："当然是改变自己去适应环境。"确实，改变自身去适应身边的环境，融入到现实之中，是能够得到良好发展的最佳途径，也是唯一的途径。可惜的是，道理大家都明白。但是，真正地做到这一点的又有多少人呢？

在思考的时候，我们每一个人都是哲人，而当真正地付诸行动的时候，很多人却已经忘记了原本已经认识到的，从而，坠入了不能自拔的埋怨和牢骚的深渊，把所有的一切都归结于一些原本可以避免的因素，特别是将这所有的罪恶归结到环境上。你是不是听到有人满腹牢骚而又带着一点自欺欺人的语调说："真的，真的是环境太差了，如果环境稍微好一点的话，我想不会出现这样的结果。"

我们总是喜欢从别的方面寻找原因，来平衡失败的心情，用一种自欺欺人的心态去寻求一点点心灵的安慰。而让自己的心中存着一个不切实际就像是泡沫一样缥缈的希望，然后消极地等待着下次失败的降临，又重新像以往那样安慰自己。我们就在这完全不起任何作用的推卸责任和奢望之中，平庸而无为地度过了一生，为我们的人生书写了一部充满遗憾的悲剧。其实，这种悲剧是完全不必发生的，只要我们能够调整好自己的心态，站在客观的立场上去寻找原因，以一种积极的心态投入现实生活中足矣。

是改变世界，还是改变自己？我曾经也深深地为这个问题所困扰。那是我刚刚从学校毕业的时候。我内心深处渴望自己能够成为像欧·亨利、马尔克斯一样的文学家。那个时候的我，完全是活在自己的理想真空中的。满怀信心而又不顾一切地进行着心目中的文学创作，希望自己能够一举成名。我写完第一篇小说之后，送到了做出版商的表哥那儿。我希望他能够看中我的小说，能够帮我出版。一个星期之后。表哥突然打来一个电话，说是要好好地找我谈谈。

我在表哥的办公室和他见面了。他肯定了我的小说写得不错，不过，他是不会出版这种类型的小说的。因为像这种小说很少有人购买。换句话说，也就是没有市场。他提议我写一些畅销小说或者书籍。我一直对那些市面上流行的畅销小说、畅销书有一种排斥心理，因为那些东西与我心目中的文学艺术有着天壤之别。我甚至在有的时候狂妄地称那些书籍是“垃圾”。也就是因为如此，我婉言拒绝了表哥。

表哥拒绝帮我出版那本小说。这并没有让我感到失落。我仍然相信，一定会有出版商出版我那本小说的。我想我一定会成功的，我一定会成为这个世纪文坛上一颗耀眼的新星。我对自己相当自信。因为在学校的时候，所有的老师都说我有着不可限量的发展前途。然而，世事并非我所想的那样。我拿着那本小说跑了无数家出版公司，结果仍然一样：没有任何人对我的小说感兴趣。慢慢地现实让我感到了失落，那份心中的自信渐渐像是一团即将燃尽的篝火将要熄灭。我就像是所有遭遇到挫折和失败的人一样，在不住地哀叹着，埋怨自己怎么不早出生几年，如果在欧·亨利那个时代出生，我肯定会像欧·亨利一样成为一名不错的艺术家。

“你帮我写一本小说，一本恐怖小说怎么样？”正当我深感

失望的时候，表哥主动找到我，向我约稿。

恐怖小说，依然是那种我认为并不属于艺术的小说。我还是同样婉言拒绝了他。我想不管怎么说我还是应该有自己的原则的。

虽然我拒绝了表哥。但是，他仍然一次又一次地找到我，要我帮着写恐怖小说，并且十分肯定地对我说，我一定会写得很好的。最终，我还是答应了表哥。我答应他，是在于他劝我的时候所说的一段话：

“环境依靠一个人的力量很难改变，既然我们没有能力去改变环境，为什么不改变自己去适应环境呢？你应该知道改变了自己便是改变了世界！大多数成功的人士之所以能够成功，在于他们能够主动地适应环境。你说是吗？你不妨去看看那些畅销书和卖得好的恐怖小说，我想你会发现他们同样属于一种文学艺术，否则，怎么会有那么多人阅读呢？”

也就是在这段话的提醒下，我尝试翻阅了以前我所认为的属于“垃圾”一类的畅销书籍。果然，真的就像是表哥所说的一样，慢慢地我接受了从前我很难接受的一些东西，对畅销小说有了一种新认识。当然，我也很快完成那本恐怖小说。表哥在看完了我的小说初稿之后，说道：“我就相信你一定会写得很好的。”

虽然那件事情已经过去很久了，表哥对我说的那段话，仍然时常在我的耳边响起，也就是保持着这种心态，我始终觉得世界的每一天在我眼中都是那样的美，发现自己面前的路是那样的平坦。

“真的谢谢你，谢谢你让我发现了世界的美！”在这儿，我真的想对表哥说这样一句话。

像风筝一样迎风飞翔

风筝只能迎着风的气流产生的升力才能够展翅于天空。其实，人也像是风筝一样，那风向便是我们所生活的环境。然而，让人疑惑的是，既然人们知道这一点，为什么在现实生活中，却偏偏总想一直顺风呢？

每一次看到风筝在空中迎风飞翔的时候，我的脑海之中总会有一种莫名其妙的想法，风筝为什么只能迎风飞翔，为什么不能顺风而飞呢？或许，你会为此而感到好笑。因为，哪怕是三岁的小孩子都知道，风筝只能迎着风，借助风势才能够像鸟儿一样遨游天际。顺风，又怎么能够飞翔呢？

是的，我很难理解。特别是在我认识了梅尔之后，对这个问题，我便越发难以理解了。

梅尔，我真的不知道该怎么说他。在我的脑海之中，他留给我的是这样一种印象：不苟言笑，严肃，是一个有追求、有理想，并且有着渊博学识的绅士。不过，他的事业并不怎么成功，所开的律师事务所面临着破产。在刚开始的时候，我还以为是他的能力有问题呢，然而，通过几次接触之后，我才知道影响他事业发展的，并不在能力方面；而是其他的一些因素所决定的：他的性格，他的一些原则。这些都严重地制约着他的发展。照理来说，既然他所开设的是律师事务所，理所当然便是给人们提供法律咨询服务，以及帮助他人打官司，处理一些法律方面的事务。按照他的能力，他在处理这些事情的时候肯定游刃有余，律师事务所会得

到很好的发展，他自己也能够在司法界取得很好的名誉和声望。

有一次，我们在一个朋友所举办的宴会上相遇了。当我问起律师事务所近来的生意时，他愁眉苦脸地只是叹气，说越来越差，关门是迟早的事情。我问到底是什么导致这种局面的，是不是没有客户。他叹了一口气，告诉我并不是没有客户，而是那些客户委托他办理的案子都是那些超出他标准的案件。他不愿意接罢了。说完了那些之后，他感慨地说："或许，我的性格决定了我不能做一名律师。"然后，他征求我的意见，他准备把律师事务所给关闭了行不行。

"你为什么要关闭？其实，你本身就是一个很好的律师，你为什么要结束它呢？"我感到非常吃惊，反问道。

梅尔无奈地笑了笑说："我不是说过了吗？我的性格决定了一切，我真的不能够让自己去接那些有违自己原则的案子，为他们逃避法律的制裁而辩论。"

我更加奇怪了，奇怪梅尔知道了原因所在，不是积极地想办法去挽救，而是采取逃避的方式。

"你既然知道了问题的所在，为什么不调整一下自己呢？"我不解地问道。

梅尔没有回答我，只是淡淡地一笑，便离开了。

果然，在那次晚宴之后，梅尔便结束了律师事务所。我真的为他做出这样的决定而感到惋惜！

我们都说：最难认识的便是自己，其实比认识自己更难的是改变自己。在我们的身边不是有很多像梅尔一样的人吗？他们都能够清楚地认识到自己身上的缺陷，知道是什么制约了他们，为什么不能融入现实生活之中，认识到自己为什么会对周围的环境不适应。可是那些原因，性格、个人原则、理想等，就像是他们身上的血脉一样，不能消除，更不会调整自我的心态，站在客观的立场上，去改变自我。明明知道，风筝只有迎风才能够飞翔，却偏偏反向而行。

人是不可能依照自己的标准去面对社会、面对周围环境的。虽然人是作为个体存在于社会之中的，而真正要在社会之中获得很好的发展，便必定要不断地调整自我，减少与大的环境之间的矛盾，与大环境融为一体，赶上时代的节拍，才能够像风筝一样，迎风飞翔！

【延伸阅读】

有强有力的适应能力——李·艾柯卡

说起李·艾柯卡或许有些人觉得陌生，然而，当说到福特公司的“野马”这一款汽车的时候，我想恐怕没有几个人会不知道的。“野马”是20世纪福特企业的骄傲。它从20世纪六七十年代问世以来，便一直备受众人瞩目，并且引领了那个时代的潮流，使得“野马”成为当时最时髦的词。诸如“野马”俱乐部、“野马”太阳镜、“野马”帽、“野马”钥匙链等这样的词语，充斥街头。就连一家面包店的橱窗上都这样写道:“本店自制的烤饼像‘野马’一样热销。”

只有与周围的环境融为一体，紧紧地把握住时代的脉搏，使得自己就像人生河流之中顺流而下的一叶扁舟，才能够将自己的

才能发挥出来，才能够成为受众人瞩目的成功人士。在20世纪书写了“野马”神话的李·艾柯卡，便是这样一个有着极强的适应能力的人。他的成功，在很大程度上，就是因为在他的身上有着这样的能力在起作用。

李·艾柯卡，并不是土生土长的美国人，而是在1902年同父亲尼古拉从意大利移民到美国的宾夕法尼亚州，加入了美国籍。在那个时候，从意大利来的移民是被美国人歧视的。这使得少年时代的李·艾柯卡遭受到一些不平等的待遇，常常遭到一些人的白眼和鄙视。然而，李·艾柯卡并不像一般的人一样，为此而感到气馁。他知道要想改变这种局面、这种状况，便要积极地融入现实的环境之中去，被环境接受之后，才能改变他人对意大利人的看法。他一方面主动和身边的同学以及同龄人交朋友，另一方面发奋学习，最终考入了美国利哈伊大学，获得了工程技术和商业学两个学士学位。后来他又在普林斯顿大学获硕士学位，其间，还学过心理学。少年时代的李·艾柯卡便是用这种积极的心态融入身边的环境，并且通过自身的努力为后来的成功奠定了坚实的基础。

要想获取生存发展的机遇，要想自己的才能发挥出来，像一颗耀眼的恒星光芒四射，就需要一个可以让自己表演的舞台。虽然说，我们一直在倡导自己去创建这个展示自我才能、实现自我价值的“舞台”。但往往在现实生活中，即使我们有着远超他人的能力，却出于种种原因，并不能真正地凭借自我的实力去创建一个属于自我的舞台。更多的时候，我们还是借助于已经搭建好的“舞台”，将自身的能力发挥和表现出来，以实现自我的人身价值，获取人生的成功，走向卓越。由此可见，“创建”人生舞台的实质意义，就是要求自身有着极强的适应能力，调整自我，与社会环境融为一体，把握时代的脉搏，找到自我的角色，演好自己的角色。

1946年，刚刚从学校毕业的李·艾柯卡走上工作岗位，在福特公司当一名实习工程师。但是性格外向、喜欢和人交际的他，却并不喜欢枯燥无味的技术工作，而想搞汽车销售。于是，他便向上司说出了自己心中的想法。虽然上司在听说之后有些不高兴，也没有当下同意李·艾柯卡的请求，但是最后还是同意了。就这样李·艾柯卡如愿以偿地成了福特公司的一名汽车销售人员。李·艾柯卡充满激情地投入汽车的销售工作之中，很快学会了相关的汽车销售知识，积累了一定的销售经验，也取得了一定的成绩。于是，在1949年，他被任命为宾夕法尼亚州一个小地区的经理，主要的任务是同当地的汽车商进行密切合作。

这段时间，是李·艾柯卡一生中一个重要的阶段。也就是在这段时间里，他进一步认识到想要获得成功，就必须调整好自己的心态，与社会环境、时代潮流相适应。也就是因为他深刻地认识到了这一点，才为自己拓宽了发展道路，为自己创造了更好的发展机遇。

原本刚刚被任命为小区经理的李·艾柯卡，可以说是满怀着激情，想开创出一片天地。李·艾柯卡的想法很好，可是等他来到属于自己管辖的小区的时候，才发现困难重重。不管他怎么努力，还是没有能够打开局面。在一次福特公司东海岸经理查利·比彻姆视察所管辖区域的销售业绩的时候，李·艾柯卡所负责的小

区的销售习惯最糟。面对这样的局面，李·艾柯卡不免感到失望，情绪低落，甚至在一段时间里想要放弃继续担任这个小区的经理职位。他原来的激情消失得一干二净，与身边的环境有些格格不入，明显与身边的环境不适应。

查利·比彻姆一直很欣赏这个充满了激情的年轻人。当他看到李·艾柯卡这种状态后，并没有多说什么，只是将手放在了李·艾柯卡的肩上然后他说："干什么都不要垂头丧气。不管干什么总会有一个人要成为最后一名，你又何必自寻烦恼呢？"

李·艾柯卡并没有说什么，只是无奈地看着查利·比彻姆。

查利·比彻姆看了一眼李·艾柯卡，便走了。在走了几步之后，他回过头接着说："但请你听着，可不要连续两个月得最后一名！"

在查利·比彻姆的激励下，李·艾柯卡就像是打了一支兴奋剂一样，热情重新又回到了他的身上。他仔细地思考了自己被任命为小区经理时的工作。终于，他发现了原因，那就是，自己并没有完全了解这个地区的习惯，没有了解这个地区人们的整体经济状况。他发现，这个区的人虽然都很想购买轿车，可是，经济收入普遍较低。要想打开销路，使得他们能够购买汽车，就必须要与这一实际条件相适应，调整原来的销售策略。于是，他想出了一个推销汽车的绝妙办法——"花 56 元钱买五六型福特车"，就是无论是谁，购买一辆五六年型的福特汽车，只要先付 20% 的货款，其余部分每月付 56 美元，3 年付清便可。李·艾柯卡这一大胆的决定受到人们的瞩目。仅仅 3 个月时间，艾柯卡负责的区从原来的末位扶摇直上，销售业绩一跃而居榜首，因此，受到了当时的副总经理麦克纳马拉（后来的美国国防部长）的赏识，在全国推广他的办法，并提升他为福特总公司车辆销售部主任。

所谓的适应能力，并不是单纯地让自己融入到大的环境之中，而是要求在自身融入大的环境的同时，自己所采取的策略也要适合当时的社会环境，切合时代的脉搏和发展方向。这便是众多卓越人士走向成功的秘诀。李·艾柯卡的成功不仅是自身能够积极地适应周边的大环境，而更重要的是他的一些想法、一些策略也密切地符合当时的社会环境，符合社会发展的趋势。真正使得李·艾柯卡成为汽车业的骄子的还是他设计和制造的福特名牌“野马”。

在李·艾柯卡被提升为福特总公司车辆销售部主任之后，他顺应当时人们对汽车多方面的性能的要求，全身心地投入新车型的设计工作之中。最终，一种“野马”牌新车问世了。这是一种便于驾驶的两座运动车，实际上能坐 4 个人，车型外观与内饰都十分华丽时髦，引人注目，不仅保持了过去福特车的特点，而且留有很大空间放东西，星期六还可以挂上一个拖车外出度假。

“野马”自诞生以来，便备受众人的注意。1965 年，“野马”车的销售量打破了福特公司的纪录，创造了福特公司有史以来的销售神话。李·艾柯卡也凭借着自身的努力，不断地调整自我去适应社会，终于当上了福特公司的总经理。

李·艾柯卡成功了，也就是在他为福特公司取得这样辉煌的业绩的时候，一件谁也不曾想到的事情发生了。1978 年 7 月 13 日，当了 8 年总经理——从来没有在别的地方工作过的李·艾柯卡在福特工作已 32 年，一帆风顺，被妒火中烧的大老板亨利·福特开除了。不仅如此，亨利·福特对福特公司进行了一次重组，要

对李·艾柯卡的支持者进行一次整顿，谁要是继续保持与他的联系，自己也就会有被开除的危险。李·艾柯卡被解雇一周后，负责公共关系的墨菲，接到了大老板亨利·福特半夜打来的电话："你喜欢艾柯卡吗？"

"当然！"墨菲回答。

"那你被开除了。"事情就是那么简单。

对于李·艾柯卡被解雇，报纸上是这样说的：艾柯卡被福特公司开除是因为他"缺乏礼貌"，太具"侵略性"。他还被诬陷参加意大利黑手党活动。这些都是无稽之谈。更加让李·艾柯卡难以接受的是，在他被解雇之后，这个世界上仿佛已经没有了他这个人的存在。昨天还是拯救福特的英雄的他，今天却好像是有极其可怕的传染病的患者，人人避之。

在那个时候，李·艾柯卡说："如果有人给我打个电话说：'我们一起喝杯咖啡吧，我对你的遭遇很不平。'我也会感到宽慰。"可是，过去公司里的所有朋友都抛弃了他，这是对他最大的打击。不过，他能谅解他们，公司为独裁者所控制，他们家有老小，他们得生活。

或许，所有的人都会认为李·艾柯卡从此之后便会一蹶不振。然而李·艾柯卡并没有像人们所预言的那样倒下去。在经过一段时间的沉淀和思索之后，李·艾柯卡认清了当时的局面，调整了自己的心态，积极使自己融入到全新的社会环境之中，接受了一个新的挑战——应聘到濒临破产的克莱斯勒汽车公司出任总经理。虽然在那个时候，诸如洛克希德、国际纸业公司等大公司，都对他发出过邀请，但是艾柯卡清醒地认识到：已经年逾 54 岁的他，退休的话还太年轻，过早了一点；而要投身到别的行业又得重新学，年龄又大了。因此，他还是选择了汽车业这一老行当。

李·艾柯卡的这一选择可以说是完全正确的，是他能够清晰地认识到自身的长短处，怎样去适应发展趋势所决定的。这也是他超强的适应能力的表现之一。

李·艾柯卡上任之后，就发现克莱斯勒是一条待救的沉船。那里秩序混乱，纪律松散，各自为政，现金周转不灵；副总经理不称职；没有人指挥调度；车型失去吸引力；车辆不安全，等等，积重难返。要想使得克莱斯勒重振雄风，在世界第二大汽车公司当了8年总经理的李·艾柯卡，凭他的智慧、胆识和魄力，大刀阔斧地对企业进行了整顿、改革，并向政府求援，舌战国会议员，取得了巨额贷款；并且顺应汽车市场的发展趋势以及消费者的需求制造出了K型车。这种车能让乘客非常舒服，只需4个气缸就能跑得很好。虽是小型车，但是破天荒地能进6个人，而且体积小、线条美。K型车的推出，使克莱斯勒起死回生，使这家公司名副其实地成为在美国仅次于通用汽车公司、福特汽车公司的第三大汽车公司。

由此，我们可以清晰地看到，李·艾柯之所以成功，那是因为在他的身上有着强有力的适应能力。我们也可以明确地看到作为成功人士，一个卓越人士，他身上所具有的适应能力，并非是我们日常所说的那种片面的适应生存能力——不断地调整和调节自己，使得自己与社会环境融为一体。这里所说的适应能力，除了上述的自身适应社会的能力之外，还有一点是至关重要的，那就是使自己的思想行为意识，以及有关的决策和方案，适应社会

的发展，紧跟时代的大潮。

【阅读评语】

要想在社会中得以生存和发展，对于社会环境、对于身边的一切，你该保持什么样的态度呢？是积极地调整自己去适应社会环境、适应身边的一切，还是采取其他的方法，想依靠自身的力量，去改变环境，让环境来适应你呢？成功和卓越的人士都知道，要想获取成功，便要积极地改变自己的心态去顺应社会的发展，去乘风破浪，寻找实现自己人生目标最简单的方式。打一个确切的比喻：如果说人生是一段舞曲，那么只有跟随着鼓点的节奏跳动，才能展现出和谐而美妙的舞姿。人生舞曲的鼓点就是我们生存的环境和时代跳动的脉搏。在我们现实的生活之中，那些令人羡慕的成功者、卓越人士，莫不是能够很好地合上人生舞曲的节拍，翩翩起舞的“王子”和“公主”。

想成就自己不平凡一生的你，想要从平凡走向卓越的你，为什么不调整自己的心态，让自己随着时代的节奏跳出最美妙的人生之舞呢？

【自测与游戏】

适应能力的自测题

如果人生是一艘航行在海面上的船，那么良好的适应能力便是迎风扬起的帆。它是促使我们迈向成功、走向卓越的催化剂。我们可以清晰地看到，在人类的历史上，那些曾经风云一时的杰出人物：恺撒大帝、拿破仑、华盛顿等，他们哪一个又不是具有着良好的适应社会大环境的能力，能够主动将自己融入其中，顺应社会的发展趋势，紧扣时代的脉搏，而走向成功的呢？

顺应社会大环境和紧扣时代脉搏的适应能力，是通往成功和卓越之路。那么，想成为人生舞台的“明星”，成为深受万众瞩目的卓越人士的你，是否有着很好的适应能力呢？你不妨试试回答下面的问题，检测一下自身的适应能力，看看是不是“它”阻碍了你走向成功，实现卓越的。

[注：在回答下面问题的时候，敬请如实回答。]

1. 假如在某天，你一个人正在家里面欣赏音乐，或者看书的时候，你平时最不喜欢的一个朋友突然间拜访，你会——

A. 暂时将心中的感觉隐藏起来，等以后再把实情告诉你的朋友；

B. 装作没有什么事情，把自己心中的感觉完全隐藏起来；

C. 表示惊奇，有些出乎意料，露出不悦的神情。

2. 假设，你骑车去一个较远的地方，在途中迷路了，你会——

A. 询问路过的行人，以求得到帮助；

B. 赶快查自带的地图；

C. 大声埋怨，不知何时才能到达目的地。

3. 在看到了房间内杂乱无章的时候，你会觉得——

A. 并没有什么影响；

B. 偶尔觉得有些难受；

C. 难以静下心来。

4. 在生活之中，你认为自己有真正的朋友吗——

A. 有；

B. 不怎么清楚；

C. 并没有真正的朋友。

5. 你是不是经常有这样的感觉，觉得有人在背后嘲笑你——

A. 没有；B. 偶尔有；C. 经常觉得有。

6. 在你选择衣服的时候，你一般会——

A. 在选定以前，一般会先听取朋友或售货员的意见；

B. 追随新的潮流，希望能找出合适自己的；

C. 固定，选用同一种款式。

7. 当你预感到将有不愉快的事情发生的时候，你会——

A. 相信事实并不会像预料的那样糟；

B. 感觉完全有办法应付；

C. 感到有些恐慌，觉得自己没有能力去应付。

8. 在有的时候，你是否经常回忆一些以前的事情——

A. 从来没有；

B. 偶尔，有这样的习惯；

C. 经常性的。

9. 你自认为，与异性相处——

A. 从来没有感到和异性相处困难过；

B. 不怎么理想，有的时候有些不自然；

C. 难以和异性相处。

10. 当你和一群人在交谈的时候，你会觉得——

A. 能够应付自如；

B. 有的时候，管不住自己，会去想一些与交谈无关的事情；

C. 难以与他们融为一体，感到不自在。

11. 如果让你在嘈杂混乱的公交车或者公共场所看书，你会——

A. 不受影响，照常学习；

B. 仍能集中精力学习，但效率降低了；

C. 总觉得很烦，不能静下心来学习。

12. 假如你必须在大庭广众面前说话的时候，你会——

A. 虽然感觉有些难以开口，但还是能够努力地平静自己的情绪，将所要讲述的语言表述清楚；

B. 不受任何的影响，像平常一样侃侃而谈；

C. 感到害怕心慌，因紧张而不知所措或说话结结巴巴。

13. 如果一个你不太熟悉的人向你倾诉他所遭受的一些不公平的遭遇，想从你这儿获得同情和安慰的时候，你会——

A. 即使觉得有些不耐烦，也会让他将话说完，并给予适当的安慰；

B. 因心情而论，心情好则安慰，反之则置之不理；

C. 从来不会去听那些无聊的事情。

14. 走在阳光灿烂的大街上，拥挤的人群之中——

A. 能够潇洒自如的行走；

B. 有的时候会觉得有人在背后看你；

C. 经常在内心深处，觉得有人向你过来异样的目光而感到不自在。

15. 你是不是觉得自己应该有属于一个人的时间和空间，只有当一个人的时候，才能够思考，才能清醒地整理清楚自己的

思绪——

A. 不是；

B. 偶尔有这样的现象；

C. 老是觉得这样，已经形成了习惯。

16. 在团体或社会性的集会上，针对某一问题进行讨论的时候，你会——

A. 只有在知道讨论的题目，并且有一定的想法的时候，才发表意见；

B. 总是想找领导讨论，发表自己的见解；

C. 讨厌在集会上说话，所以拒不开口。

17. 在一般的习惯下，你是否认为身边的人是值得信赖的——

A. 是的；

D. 有的值得信赖，有的却说不准；

C. 人都是自私的，不值得信赖。

18. 在工作之余，你是喜欢和朋友一起聊天并且去认识一些新朋友，还是——

A. 当然是喜欢和老朋友一起聊天，并且结识一些新的朋友；

B. 有的时候会；

C. 很少和朋友一起聊天，更不要去结交新朋友，认为没有那个必要。

19. 当受到别人的批评之后，你一般会——

A. 想直接听一下批评的理由；

B. 想查明受批评的原因；

C. 想找机会反过来批评他。

20. 当你和朋友或者一群熟人在一起的时候——

A. 能够和他们很开心地交谈；

B. 有的时候并不能够多么投入；

C. 感觉到和他们存在一定的隔阂，并且有些失落感。

21. 当你感到受了委屈的时候，你通常——

A. 找一个朋友向他倾诉，然后就忘得一干二净；

B. 需要经过一段时间，才能忘记那些不快；

C. 不向任何人说起，埋藏在心里。

22. 你是否很容易受到情绪的影响——

A. 能够很好地控制自己的情绪波动；

B. 有的时候能，有的时候不能；

C. 很难控制自己情绪的波动。

23. 在你前往参加比赛的时候，赛场气氛越激烈，观众越加油，你的成绩会——

A. 比以往更好；

B. 并不受到任何影响；

C. 难以发挥正常的水平。

24. 在有了一次窘迫的遭遇之后，你会——

A. 并没有受到任何影响，能很快地调整心态，重新面对生活；

B. 需要一段时间才能忘却这次窘迫所带来的影响；

C. 很难从那件事情的阴影之中走出来。

25. 无论在什么场合，你认为你的表现——

A. 自然得体；

B. 有的时候受到情绪的影响；

C. 不知道怎么回事，总是觉得有些不自然，很难和周遭的氛围相融。

26. 下面的说法，你赞成——

A. 尽量求和平，把批评和斗争降到不得已的程度；

B. 在矛盾方面让一让，就过去了；

C. 只要是正确的，就坚持，不怕打击，不怕孤立。

27. 如自己的一些事情被某媒体报道之后，你会——

A. 虽然感到有点自豪，但并不以为然；

B. 非常高兴，想让朋友也看看；

C. 完全不感兴趣。

28. 下面的观点，你同意的是——

A. 了解自己的国家，学习外国的东西是件好事；

B. 学习外国的东西比学本国的东西更有兴趣；

C. 外国的事与我们没有任何关系。

29. 在进入一个新的环境之后，你会——

A. 很快就能够适应；

B. 需要较短的一段时间；

C. 感到很难适应。

30. 你认为自己适应生活的能力——

A. 很强；

B. 并不怎么满意；

C. 很差，不能够融入到现实的生活之中。

你是否如实地填写好了答案呢？是不是急于知道自己的适应

能力有多高。如果你所选择的答案，A 占大部分的话，那应该恭喜你，说明你具有很强的适应能力，你也完全不必为自己不能够适应社会而担心。B 占大部分，说明你具有一定的适应能力，能够适应一般的环境。而选择的是 C 占多数，是一个极其不好的现象，你的适应能力真的让人不敢恭维。你应当冷静地思考一下，找出原因所在，然后用一种积极的心态去面对生活。

增强适应能力的益趣游戏

积极地调整自己的心态，主动地适应环境，与周围的环境融为一体，紧紧地把握住时代的脉搏，使得自己就像人生河流之中顺风顺水的一艘快船，才能够将自己的才能发挥出来，才能够成为众人瞩目的成功人士。既然生存的适应能力对于一个人走向成功、走向卓越是如此的重要。我们要走向成功，走向卓越，而自身的一些因素又制约了自己能够适应周围的环境，那么怎么办呢？不要紧，下面便向你介绍几种时尚而又有趣的方法，希望能够对增强你适应社会大环境和紧扣时代脉搏的能力有所帮助。

A. 真话天堂

这是一个突破自己心理障碍，寻找到底是什么制约了自己不能够融入社会的小游戏，也是一个简单的游戏。游戏的玩法如下：

首先，你应当找到与你共同玩游戏的玩伴。玩伴的人选，最好是熟悉你的人，家人或者是最好的朋友。人数不宜太多，连你最好是两人。当找到合适的玩伴之后，便从一副扑克牌之中取出大小王，和一色从 A 到 K 的牌，将其洗动。然后反扣在桌了上，双方猜测哪一张牌是大王，如果都没有猜对的话，接着往下猜。

如果桌面上只剩下三张牌，还没有猜出，便重新开始。如果被猜出来，猜中的一方可以问对方一个问题，对方必须如实回答。

B. 虚幻世界

这个游戏与上面的游戏有所不同，不仅玩法不同，作用也不一样。这个游戏是对自然环境的适应能力进行训练的游戏。在玩这个游戏的时候，人数最好是两个人。由于这是一个假想的游戏，是通过一定的假设环境，设置障碍，去克服障碍，最终完成使命的游戏。其目的是提高对自然环境的适应能力。这个游戏灵活性较大，没有固定的模式。一般来说是将障碍等设定写在纸条上，然后折好，不要被执行使命的人看到即可。在这儿，向大家介绍其中一种简单的游戏模式，以便于读者能有所借鉴。我和我的朋友将这个游戏叫《罗拉探宝》，其玩法如下：

首先，在玩这个游戏的时候，我和朋友一起商量出了游戏大的环境——一座环境十分恶劣的山谷，并且规定了我的使命是寻找一颗钻石。在商量好这些之后，朋友便在桌子上布置起山谷来，在纸条上写一些所遇到障碍的名称，以及通不过这种障碍的惩罚，和写上宝石的纸条混在一起，按一定的规律摆放在桌子上。然后，我便开始寻宝。直到寻找出宝石为止。

在玩这个游戏的时候，需要提醒大家的是：在设置障碍的时候，最好将障碍设置得越多越好，你可以将生活之中所能够发生的事件都考虑到。这样可以使自己适应自然环境的能力得以提高。

C. 天黑请闭眼

这个游戏同真话天堂一样，所使用的道具也是扑克牌。不过与真话天堂却截然不同。真话天堂是两个人玩的游戏，而天黑请闭眼，参与的人数却没有任何限制。在真话天堂里面，要求的是对方说真话；而天黑请闭眼却要参与者一定要说假话。其具体玩法如下：

参与者先围坐成一圈，从中选出一个人担任法官的角色。然后，由法官根据参与者的人数，从扑克牌中选出扑克。值得注意的是，在选择扑克牌的时候，所选的扑克，应当含有黑桃A。黑桃A在游戏之中所担任的是杀手这一角色。

选出牌之后，“法官”将牌洗动，然后按顺序发给参与这个游戏的每一个人。在牌发完之后，当“法官”说“天黑请闭眼”的时候，除了“法官”和拿到黑桃A充当杀手的人之外，所有的人都必须闭上眼睛。这个时候，“杀手”以手指做枪比向其中的一人，表示他杀死了对方。这一切结束之后。“法官”让所有闭上眼睛的人睁眼，并告诉被杀手杀死的游戏参与者他已被杀。直到这个时候，游戏才正式开始。所有的人，包括“法官”和“杀手”都必须陈述自己不可能杀死“死者”的原因。“被杀者”有权向自己所怀疑的人提出任何问题，直到让“杀手”暴露为止。

提醒参与者注意的是，不管是不是“杀手”，你都应该表明自己是清白的，哪怕是谎话连篇。目的就是要让大家认为，你真的不是“杀手”。这是一个很好的增强自身应变能力的游戏。如果你经常和朋友们一起玩的话，有百益而无一害。至少在现实生活中你能够对一些不怎么满意的环境有很好的应变和适应力。

虽然说人们对环境的不适应因素很多，诸如心理、性格、习惯等，然而究其主要的原因，还是心理作用。正是由于对现实的社会和自我没有一个正确的认识，一些人不能够以一种正确的心

态走进社会，和社会融为一体，导致了对社会的不适应。其实，这一切并不是不能改变的，只要我们能够找出原因所在，及时地调整心态，积极而正确地面对生活，就能走出这些障碍，增强适应能力，从而被社会接受，走向成功，迈向卓越。

第二章 自己的人生需要自己编导

——坚韧的自控才能

如果说人生是一幕戏剧的话，那么，这幕戏剧的编导，不是上帝，更不是我们所说的命运，而是我们自己。在卓越人士所上演的成功戏剧之中。他们只不过是有着很好的自控能力，改掉了自己身上的一点缺陷而已。

懂得如何克制自我情绪

情绪，是人类最大的敌人，就像是一桶烈性炸药，会将整个人炸得粉身碎骨，将一个人彻底地毁灭。在遇到一些令自己不怎么满意，和自己的原则有冲突的事时，诸如愤怒、冲动、狂躁等，都无济于事，根本解决不了任何问题。就像发生了火灾时，你虽然想将火扑灭，可惜的是，你提过去的不是能够扑灭火焰的水，而是油。你是在火上浇油。

情绪，我们都知道，在很多的时候，会让我们原本清晰的脑子变得混乱，会让我们做出一些不可理喻的事情和在平时难以想象的决策。由此，我们一直在告诫自己，无论发生什么事情，我们都需要很好地控制自我的情绪，千万不要被情绪所击倒。我们在不停地告诫着自己，就像是行走在有薄冰的河面，显得那样的小心翼翼，生怕掉进情绪的河流，让情绪将自己淹没。是的，在还没有遇到麻烦的事情，并没有波及情绪的时候，我们每一个人心中都清晰地知道，要控制自己的情绪。然而，一旦事情真的发生了呢？那种我们心中渴望和坚守的自控，却像是一朵云彩一样被情绪的风吹得不知所踪。我们变得愤怒、暴躁、不可理喻起来，就像是一个丧失了理智的“疯子”。

我们一路高唱着应该懂得克制自我，而又身不由己地跌进了情绪的旋涡。起先在痛快淋漓地发泄，而后在悔恨之中慢慢地责备自己，发出一两声长长的无奈的感叹。

在这儿，我要向大家讲述的是在旧金山一家报社做记者的贝克·科伊的故事。我们知道，报纸杂志的媒体从业人员，由于所处的特殊行业，接触面广，也就决定了他要经历很多的事情，和许多的人交往。也就是因为这个，这个行业的从业人员能够对自己的情绪进行很好的控制。可是，贝克·科伊，对自我情绪的控制力却比较差。而在工作和生活中，不善于控制自我的情绪，给他带来了极大的不便。

有一次，他的上司让他到本地的一家知名企业去采写一篇专题报道。或许是因为在前一天的晚上，他和女朋友汤蒂发生了一些小口角，心情难免会受到一些影响。他带着十二分不乐意的心情来到了那家公司。没想到，他正要往里面行走的时候，却被公司的保安人员拦住了，向他索要相关的证件。贝克·科伊在这个时候，才发现自己并没有将证件带在身上。于是，他便向对方解释，说自己是报社的以及来这儿的目的。

这位保安是个相当负责的人。他并不听贝克·科伊的任何解释，只坚持一个立场，就是贝克·科伊如果拿不出相关证件的话，便不能进去。

在开始的时候，贝克·科伊还能够控制得住自己的情绪。到后来，他费尽口舌，对方仍然是那样坚持原则。贝克·科伊不禁感到恼火，特别是想到了昨天晚上与汤蒂的争吵，言语之间便变得不客气起来。

“我今天就要进去！”他冲着保安人员愤怒地大喊道，便直接往里面走去。

保安人员的职责就是确保整栋大厦的安全，不随便放陌生人进去。贝克·科伊的这种举动，不就是在向他挑衅，在砸他的饭

碗吗？当然，保安是不会让贝克·科伊进去的。于是，他们俩便在大厦的门口拉扯起来。

就像是我们在日常生活之中所看到的不必要的争斗一样，在开始的时候，是因为一些芝麻绿豆大的小事引起的，随着不住的争吵和拉扯，事情一步步恶化，最后上升为不理智的武力争端。贝克·科伊和保安人员的纠纷，最后也是以一场不必要的打斗结束。他不仅没有完成采访，反而被警察带回了警察局。

最后事情的结局，我想大家都能猜到，我在此也用不着多说。情绪，让贝克·科伊丧失了原本的判断和处事能力，让他做了一件完全可以避免的事情，给他带来了严重的后果。其实，在那个时候，只要贝克·科伊保持冷静的头脑，不要掉进情绪的旋涡，不被情绪所左右，问题是很容易解决的。他只要打一个电话，告诉上司，说明偶然忘带记者证的情况，让上司给被采访者打一个电话，让被采访者同保安员解释一下不就行了吗？或者，他干脆直接打电话给被采访者，要不，就回去找到证件再回来……

可惜的是，那时火冒三丈、怒气冲天的贝克·科伊怎么会想到这一点呢？

和贝克·科伊相比，劳伦斯·伍德因为一时的情绪失控所带来的后果要严重得多。因为贝克·科伊被不冷静情绪所毁灭的只是他自己一人，而劳伦斯·伍德却将他辛辛苦苦创建的一家超市毁灭了。

劳伦斯·伍德所开设的超市，位于纽约一个并不怎么繁华的街道。由于在刚开始的时候，这条街道只有这一家超市，劳伦斯·伍德的生意就显得格外兴隆。但是，好景没有维持多久，离他所开的超市仅有一百来米的地方一家新的超市开张了。现在的社会是竞争的社会，为了能够获得生存和发展，人们往往会想出很多促销手段。那家新开张的超市，理所当然在开业的时候，推行了一系列的促销活动，如让利促销、抽奖……几乎所有的方法都用上了。一是因为新开的超市货品较劳伦斯·伍德的齐全，二是在价格上也较劳伦斯·伍德的便宜，更兼有一系列诱人的促销活动，人们渐渐地将目光转向了新开张的那家超市，使得原本生意兴隆的劳伦斯·伍德的超市变得冷冷清清，门可罗雀。

劳伦斯·伍德看在眼里，心里不是滋味。为了抢回顾客源，他也积极地采取相应的措施。这个时候的劳伦斯·伍德还是在冷静探询使得超市起死回生的方法。也就是在劳伦斯·伍德推出了新的经营方式之后，果然原来的顾客回来不少，生意也慢慢地变得像以前一样了。

正当的竞争能够促进发展，而不正当的竞争却会使得竞争的双方两败俱伤，严重的还会导致双方的共同毁灭。而很多不正当的竞争，在很大程度上是由于掉入了情绪的河流之中，被情绪所左右的结果。

劳伦斯·伍德和那家新开的超市，在开始的时候，还能够按着市场的规律，遵循市场规律正常竞争。然而，到了后来，这种竞争便成了一种要将对方置于死地的非良性竞争。双方大肆降价。价格之低，让人难以相信，有的商品比进价还要低上将近一半。最后的结果，当然是两家超市同时关门大吉。他们谁也没有战胜对方，而是都被自己的情绪所毁灭。

情绪，就像是让我们丧失正常冷静思维的迷幻药，会让我们

深深地掉入情绪的河流，而迷失自我的方向，堕入一种无法让自己走出去的思维怪圈，影响了正常的思维能力和对事情的判断。那样一来，便必定会给我们带来不必要的损失和伤害。

确立自己的人生目标

情绪会让我们丧失平时的理智与冷静，会让我们做出一些不可理喻的举动，或做出一种不明智的决策。从个人的角度来说，当你遇到令你不高兴的事情，控制不住自己的情绪时，所带来的不良后果、受到直接伤害的只有你自己一人。然而，当你作为一家企业的老板，或者是某个团队的决策者的话，你的情绪，可能会给整个集体带来不必要的损失，严重的话，可能会使得集体一蹶不振，甚至全军覆没。

既然没有很好的自控能力、让情绪左右思维对一个人走向成功的妨碍是如此巨大，那么，我们将怎样减少情绪的困扰，使自己无论在什么时候，都能够保证清晰的思维，冷静的思考，做出客观正确的判断，采取正确的行动呢？

“要时时刻刻记住自己最主要的目的是什么。”从得克萨斯州一个小乡村走出来，并且在纽约最繁华的波士顿大街拥有了一家大型超市的威廉·卡尔，在论述自己是怎样通过控制自我的情绪，而取得现在的成绩时，是这样说的。

威廉·卡尔，这个身高将近一米八五、浑身肌肉的大个子，相貌像一个脾气很粗暴的家伙。可是，实际生活之中的他所表现出来的，却与他那副外貌极其不同。他的脾气好得简直有些让人不敢相信，不仅对前来光顾的客人笑脸相迎，就是对那些前来捣乱想获得一点好处的社会不良青年也客客气气。对于前者，我觉得是一个超市的老板所应该做的，而对后者的表现却让我有些不明白，我实在难以想象，凭借着他的魁梧身材是完全可以将那些瘦弱得像柴竿一样的青皮小子白粉仔制服的。为什么他不那样做呢？

虽然我觉得难以理解，很想弄清楚到底是为什么，可是没敢问他，我害怕触及他的隐私。直到某一天，在我光顾他的超市时，碰巧遇到了一件事，才让我明白是为了什么。

那一天，当我像往常一样走进威廉·卡尔的超市，正准备让他给我拿一包“NAxE”香烟的时候，住在附近，经常到威廉·卡尔这儿拿东西不给钱的一个小青年走了进来，就像是回到自己的家里一样随便，先是打开了盛放饮料的冰柜，拿了一桶可乐，又从货架上拿了一包薯片，打开一边吃着，一边随手将一包“M重BOORR”塞进了自己的口袋。

这小子也太放肆了，连我都看得有些气愤，而让我感到奇怪的是威廉·卡尔好像是没有看见一样，仍然不紧不慢地找给我零钱。

“你认识他？”我终于忍不住问道。

威廉·卡尔摇了摇头。

“不认识。”威廉·卡尔极其平淡地说道。

“那他怎么随便在你这儿拿东西，你怎么也不阻止他？”

威廉·卡尔没有回答我，只是微微一笑。

那个年轻人在这个时候走了过来，做了一件让我感到更为气愤的事情。他竟然要威廉·卡尔给他20美元。更让我想不明白的是，

威廉·卡尔竟然一点都没有反抗地给了他。年轻人接过了递来的钱，吹着口哨，得意洋洋地离开了。

望着年轻人渐渐远去的背影，我又向威廉·卡尔看了看。我想这个时候的威廉·卡尔肯定会心中忿忿不平地骂上一两句，以发泄心中的不平。这是懦夫所惯有的阿Q式做法。在这个时候威廉·卡尔在我心中的形象已经是一个胆小怕事的懦夫了。你们猜猜我所看到的威廉·卡尔是怎样的一副表情，他会做出什么样的动作呢？

他竟然给我的是一张好像什么事情都没有发生的脸，并且脸上露出了些许微笑。我更加觉得威廉·卡尔有些不可理喻了，我甚至怀疑他是否弱智侏儒……

“你能跟我到后面去一趟吗？”就在我疑惑不解的时候，威廉·卡尔对我说道。

我不知道他要让我去后面有什么目的。但是出于好奇，我还是随同他来到了超市营业厅后面的一所小房子。那是一间健身室，里面摆满了各种各样的健身器材，最引人注目的便是悬挂在中间的一个巨大的沙包。威廉·卡尔走进了那间小房子，一句话都没有说，一拳击在了沙袋上，沙袋荡了起来。

他这是在干什么？我越发难以明白威廉·卡尔，眼中的疑问越来越深。

威廉·卡尔看出了我眼中的疑问，向我微微一笑，示意我也去击倒沙袋，我犹豫了片刻，一拳击在了沙袋上，沙袋并没有像威廉·卡尔击中时那样荡起来，只是微微颤动了一下，我感到拳头被震得有点微痛。

我更加觉得威廉·卡尔是那样的奇怪。因为通过拳击沙袋我知道了威廉·卡尔完全有能力击倒刚才那个年轻人。可是，他为什么……正当我要询问的时候，威廉卡尔说话了。

“你是不是觉得我很懦弱，为什么刚才不拒绝那个年轻人？”威廉·卡尔问道。

我点了点头。

“我不知道自己为什么要和他争斗，我觉得那并不是解决事情的最好办法。”威廉·卡尔说道。

“那么，你不觉得气愤吗？他不是在明摆着欺负你？”我问道。

“气愤，当然感到有些气愤！”他说。

“既然气愤，你为什么还这样，为什么不拒绝他？”我反问道。

“其实，我也很想好好地教训他一下。然而，我还是没有这样去做。你知道是为了什么吗？”威廉·卡尔问道。

我摇了摇头。

“因为我知道自己要干的是什么。我始终明确自己最主要的目的是什么，什么才是根本，什么是皮毛。这样一来我便能够克制住自己的情绪，而减少不必要的麻烦。”威廉·卡尔说道。

时时刻刻记住自己最主要的目的是什么。这是多么纯真而又朴实的一句话啊！原来真理就存在每一个普通人的心中。我从威廉·卡尔的超市走出来之后，深深地为威廉·卡尔的话所感动。也就是突然之间，我好像明白了一个道理，明白了为什么在世界上有的人能够成功，有的人却一辈子碌碌无为。所有的一切都只是在于，前者始终记的自己最主要的目的是什么，明白了自己的

人生目标，为了能够实现那个目标，而能克制住自己的情绪流露。而那些碌碌无为的人呢？却往往不能够明确自我的主要目的而时常被情绪所左右，因而丧失了人生的方向，白白地浪费了不少时光。

《醒世恒言》有云：“人生七十古来少，前除年少后除老。中间光景不多时，还有炎凉与烦恼……”人生是短暂的，古今中外的不少文学艺术作品之中都在感叹。假设每一个人能够活上七十岁的话，除掉少年、休息等一些时间，算起来留给人们去工作的时间只有短短的二十年。一个人要想获得成功便必须充分地利用每一分钟的时间，时刻记住自己最主要的目的是什么，确立自己的人生目标，一切为此而服务。而不要时时地被情绪所控制、所左右，而迷失了人生的方向，白白地浪费掉通往成功、走向卓越的美好时光。

光阴荏苒，白驹过隙不回头！亲爱的朋友们，为了实现自己的人生价值，从平凡走向卓越，希望你们能够像威廉·卡尔一样，始终看准目标坚定不移，控制好自己的情绪。不要被情绪所左右，而白白地浪费掉美好的时光。一寸光阴一寸金，寸金难买寸光阴！你应该将每一分钟都充分地利用起来。

祝愿你，把握今天，成为明天的成功人士，卓越人士。

区别对待要求与苛求

正确地认识自身，树立切合实际的理想和希望（实现自我的人生目标），同样是自控能力的表现之一。

虽然我们一直在强调，作为一个人要想使自己活得精彩，活得有意义，就必须心存希望和理想。在人的生命之中，希望和理想就像是一台给了我们无限动力的发动机，使我们能够不断地要求进步。然而，这种理想和希望，是建立在一定的基础上的，是能够实现的，而不应该像水中花、镜中月一样不现实，追求空中楼阁或赶骆驼穿过针孔都是你的能力所不能达到的。

切合实际的希望和理想是对自己人生的要求，而不切合实际的希望和理想，可以说是对自己的一种奢望和苛求。成功的人士和普通人之间的区别，就是成功的人士能够清醒地认识自我，制定出适合自我发展的希望和理想。而普通的人，却往往倾向定出与自身条件不等的希望和理想。正确的认识自身，切合实际地实现自我的人生目标，同样是自控能力的表现之一。这便要求我们在制订人生发展计划的时候，要清醒地认识自我，从实际出发。每一个人都要始终牢记：对于自己要有要求，而不是苛求。要求能够使我们顺利地走向成功，而苛求却会诱发我们的情绪、阻碍我们顺利地走向成功。我向你们讲述一件发生在自己身上的事，我想你们会更好地体会到这一点。

那是在几年前的一个秋天，因为身体有些不舒服我便回到了父母居住的乡下。因为那栋旧房子刚刚翻修过，院子里面横七竖八地堆满了剩下来的一些装修废料和垃圾。我看在眼里实在有那么一点点的别扭。当身体慢慢地康复之后，我便从杂物房推出了手推车，准备将这一堆垃圾“请”出去。

我想在最短的时间内完成工作，将手推车装得满满的，想用最少的次数把它运走。然而，当我推着小车子往外走的时候，我

才觉得自己的主意打错了。原来，整整一车子的垃圾是如此的沉重，并不是身体刚刚康复的我所能够轻松推动的。虽然我知道这样自己干起来很吃力，也很辛苦，可是，我自己也不知道到底是什么原因，仍然保留着刚才的念头。

两次，我还能坚持。然而，堆放在院子里面的垃圾实在是太多了。慢慢地我有些坚持不住了。不过，随着我的坚持，时间的悄悄逝去，堆放在车里的垃圾越来越少了。开始是三分之二车，后来是半车，再后来就是三分之一车。也就是将数量降到三分之一车的时候，我感到没有像开始那样吃力，觉得轻松起来。很快，我便将那堆得像小山一样的垃圾“请”到了院子的外面。

望着干净的院落，我心中有一种说不出来的舒畅感觉。这时，我将自己一开始在搬运垃圾时的事情回忆了一遍。为什么在开始的时候，我感到劳累，后来却感到轻松？再者便是，我如果还是坚持开始的时候所采取的方式，能不能在这个时候顺利地完成任务呢？

对于前面的疑问，我是这样理解的：欲速则不达。干活之初我力不从心是超出了自己力量范围。而对于后者，我可以明确地给自己一个答案：就是不能。我甚至可以感觉得到，如果我依然坚持开始所采取的方法，我想我会放弃的。

随着时间的推移，当日子一天天地从我的身边溜过，在一次和朋友闲聊的时候，对于那次整理院子里垃圾的事情，我又有了更深的理解。想一想，我那次清理院子里的垃圾，不正像我们在生活之中给自己设定目标一样吗？超出自己力量范围，将垃圾装得满满的，想要以最少的次数把它们清理出去，不正是我们不能够认识自己的能力，而给自己提出了近乎苛求的要求吗？所带来的后果，是我们不能够承受压力，感到异常的疲惫，会情绪波动，从而放弃整个人生目标，变得异常的消沉。而在后面所采取的方法，装半车，或者三分之一车的垃圾，之所以感到轻松，顺利地完成工作，不正是清楚自己的力量有多大？就像是从实际出发给出能够实现的人生目标，对于自己的要求吗？

切实而能够实现的目标，是我们对自己有着清醒的认识从而给自己的一个要求，是良好的自控能力的表现之一，也是无数的卓越人士走向成功的能力之一。因为这种切合实际的要求，是我们能力所及的。我们每向前跨一步，都能够感受到自己正一步步地接近自己的目标，让我们体内的潜能得以更好地发挥。

控制自我情绪

当事情发生的时候，冷静地想一想，是控制自我情绪、使自己不去犯更大错误的有效方式。

你为什么不冷静地想想？想想为什么会这样，看看能不能够找出一个可以解决问题的方案。如果自己真的不能想出任何的办法，为什么不把事情告诉你的朋友们，或许他们会帮你想出一个较好的办法，或许他们一两句话会让你得到关于怎样解决问题的启示呢！难道你认为你的这种不冷静是解决问题的正确态度吗？你认为你采取这样的方式，是一种强者的表现吗？

每当看到人们为一些小的事情而发生争执，看到在某某商场顾客和售货员为了一件商品的外包装有点刮蹭痕而粗口争吵；看

到有人在酒吧昏暗的灯光下酗酒……我总会很无奈，心中很有感触。在这儿我并不是表示自己有多么的高尚，显得比他们更有素质，我只是觉得他们所采取的这种方式并不是真正解决问题的办法。其实，只要他们冷静下来仔细思考，便会毫不费劲地找到解决问题的办法。例如，在商场和售货员争吵的人，只要心平气和地说出自己的理由，如果对方仍然是刚才那种态度的话，完全可以找到商场的负责人，将问题说明。“顾客就是上帝”是每一个商场所遵循的宗旨。只要你不是无理取闹，任何一家商场的负责人，都会明确你作为消费者的正当权益的。

当事情发生的时候，冷静地想一想，是控制自我情绪、控制自己不去犯更大错误的有效方式。上面所说的只是在日常生活之中所发生的一些小的事情。当我们在工作中，或者开创自己的事业的时候，遇到由于外部原因，诸如同行业不正当的竞争，暗地里给你使坏，或者是原本已经签订好的合约被对方单方面毁约的时候，让自己冷静下来想一想就显得更为重要了。

亚历山大·贝明是旧金山一家快递公司的负责人。他向我讲述了一件让自己冷静下来好好想一想，而挽回了公司命运的事情。

亚历山大·贝明所说的事情发生在2000年，本世纪最初一年的冬天，也是他刚刚成立“飞人快递公司”的那一年。在竞争日益激烈的社会，一家新成立的公司想要获得生存和发展是何等的艰难。那个时候，亚历山大·贝明首先要解决的是客户源的问题。他将目标锁定在了公司所注册区域的公司。然而，让他感到失望的是，这些公司所有的信件，要传递的快件已经被另外的公司所垄断。他要想挤进去，确实不是一件容易的事情。然而，亚历山大·贝明还是找到了突破口，采取比其他公司更为优惠价格的和确保服务质量，与一家大型的跨国公司签订了一份负责该公司所有邮件和快递的业务。这也是亚历山大·贝明“飞人快递公司”的发展契机。他便凭借着这两项政策，获得了广大的客户源。然而，就在亚历山大·贝明的事业蒸蒸日上的时候，一件意想不到的事情发生了。

这天，亚历山大·贝明像是往常一样在办公室处理手头上的工作，一个电话打了进来。打这个电话的是“飞人快递公司”的一个客户，一家大型的跨国公司。对方质问亚历山大·贝明为什么还没有将前几天让他们传送的快件送到收件方的手中，还告知他那可是一封几十万美元商贸业务的合同。如果不能在规定的时间送达，要求亚历山大·贝明的“飞人快递公司”赔偿所有的经济损失。亚历山大·贝明在接到那个电话之后慌了。这可不是一件小事情啊！于是，他连忙召集全体员工着手查这件事，看看是不是哪一位工作人员粗心而漏发了。可是不管他怎样细心地检查，始终没有发现关于那封快件的任何信息。渐渐地他变得急躁起来，不免责备起手下的员工。员工们也感到莫名其妙，因为，他们实在没有看到那封快件啊！他们想提醒亚历山大·贝明，让他问问是不是对方并没有将这份快件交付给他们。然而，在这个时候，亚历山大·贝明又会听谁的劝告呢？他固执地认为一定是哪位员工粗心而将此件漏发。这可是价值几千万美元的一份合同啊！看来他辛辛苦苦创建的公司到此就要结束了。

他变得格外的消沉，渐渐地也懒得理睬那件事情了，整日里借酒消愁，等待着法院给他送来传票。

贝律·费尔，“飞人快递公司”业务部门的负责人，也是亚历山大·贝明的朋友，看到朋友这种状态，心里暗暗地着急。为了朋友，也为了“飞人快递公司”的前途和命运，他决定好好地找亚历山大·贝明谈谈。

贝律·费尔敲开了亚历山大·贝明办公室的门，第一句话便是：“这样是解决问题的方法吗？”

亚历山大·贝明没有做任何回答，只是无奈地看了他一眼，长长地叹了一口气。

“你怎么不冷静地想一想呢？我仔细核对了收件明细登记表与库房物卡对照单据，印证了他们并没有将那封快件交给我们，你不妨打电话向对方核实一下。”贝律·费尔提醒道。亚历山大·贝明依然没有任何的表示，只是示意让贝律·费尔出去。

没有任何人会甘心接受失败的现实，只要有一点挽回的机会便会积极争取。贝律·费尔刚才的话提醒了亚历山大·贝明。他让自己冷静下来仔细一想，可能真的是对方弄错了。因为正如贝律·费尔所说的，他们对于任何一封邮件都是记录在案的。既然在业务登记表上找不到关于这封快件的任何记录，那么肯定是对方并没有将这封快件交给本业务部门。这样一想，亚历山大·贝明立刻从那种自暴自怨的状态之中走了出来，连忙给对方打了一个电话，让对方好好地核实一下，是否真的将这封快件交付给了他们公司。

果然，不出所料。五个小时后，那家大公司打电话来一个劲儿地向亚历山大·贝明赔礼道歉。他们的那封快件真的没有交付给“飞人快递”。他们还向亚历山大·贝明提出请求，是不是能够将这封快件在一天之内送达对方的手中，他们会付给比平时高出十倍的费用。

亚历山大·贝明在当时真的想在大骂对方一顿之后挂上电话。然而，他脑子突然间一转想到，如果自己在这个时候答应他，帮他们将那封快件按时送达，不仅能使这家公司成为自己的长期客户，还会在同行之中树立起良好的形象。于是，他爽快地答应了这家公司的请求，并且，不收取任何的费用。

亚历山大·贝明成功了。也就是他采取了这样的高姿态，让“飞人快递”诚信、周到、高效的美名远播，成了那个区域快递业的龙头老大，渐渐地垄断了整个市场。

在事情发生的时候，保持冷静，不要被一时的情绪所左右，仔细地想想，你一定会找出解决问题的方法的。亚历山大·贝明的事例便是最好的证明。

解决问题的还是自己。

在遇到任何不公平的事情，受到不公平对待的时候，你应该想一想，你这样去做真的能解决问题吗？还是只能让你自己陷入泥潭？千万不要让自己变成“情绪恶魔”控制的傀儡！

和雷蒙是在朋友所举办的一次生日宴会上认识的。在那个晚上，年轻而有自信的雷蒙谈吐风趣，就像是好莱坞的明星一样引人注目，在我心中留下了极好的印象。然而，就在几个星期之后的一个晚上，在另一位朋友的家中再次见到他，却并不再是那个给我留下极好印象的年轻人。

那个晚上，他再也没有上次的风采，一个人孤独地坐在角落的沙发上，愣愣地看着身边高声谈笑的人们，眼中有意无意中流

露出了丝丝忧郁。

他这是怎么啦？怎么与上次判若两人？我感到一丝好奇，虽然我知道随便地打听别人的秘密是一件很没有修养的事情。但是，我忍不住还是问了身边的朋友。

“他，雷蒙，这个年轻人是不是出了什么事？”我问道。

我所问的正是雷蒙的一位好朋友。他看了我一眼，又朝愣愣地坐在沙发上像一只孤独而忧伤的野兽一般的雷蒙，无奈地摇了摇头，像是在感叹一样说道：“他真够不幸的，遇上了一件极其麻烦的事情？”

“什么事情？”我追问道。

雷蒙的朋友犹豫了片刻，把他所知道的事情给我讲述了一遍。

原来，雷蒙所遇到的是工作上的问题，他的烦恼是公司里面新来的一位上司带来的。这位上司也不知道究竟是怎么了，在工作上屡屡地找他的麻烦，对雷蒙的工作简直就是吹毛求疵，即使雷蒙的工作完成得近似完美，他都会找出一点点不足来，让雷蒙重新再做。

“是不是他的工作干得真的不怎么好？”在听完了朋友的讲述之后，我想任何一家公司的上司都不会这样对待自己的下属的。可能原因出在雷蒙自己的身上，雷蒙过多站在自己的角度上看问题而产生了是对方故意找他麻烦的假象吧。于是，我试探性地问道。

“不可能，雷蒙的工作绝对是没有什么问题的，难道你不知道，雷蒙是我们这儿最出色的设计师吗？”雷蒙的朋友像是受到了侮辱一样大声叫喊道。

“那么，为什么他的上司这样对待他，我真的找不出一个能够解释清楚的理由。”我说道。

“还不是因为……”他的朋友忿忿不平地说出了隐藏在其中的原由。我这个时候才知道，真正的由头在于，那位新来的上司第一次到公司的时候和雷蒙发生了一点小小的误会。是因为停车位而引起的误会。那天，雷蒙就像是往常一样，准备将车停放到预定车位的时候，紧贴着他的车子就像是一阵风一样，一辆车子抢先停在了雷蒙所要停的车位。于是，雷蒙便和他争执了起来，坚决要让对方让出车位。雷蒙不知道这位与自己争车位的正是今天走马上任的顶头上司。

难道仅仅是因为如此不愉快的不期而遇？倘若真的是这样的话，我便真的有些瞧不起雷蒙的那位新上司了。然而，我仔细地想了想原因绝对不那么简单，肯定还有一些什么别的事情。那么，到底是什么呢？我无法猜测。带着一点点的好奇，我再次向坐在沙发上的雷蒙看去。

雷蒙好像有些不愿意再在这儿待下去了。他站了起来，向四下打量了一眼，便无精打采地迈开脚步向外走去。

“雷蒙您现在要走吗？我刚好也想回去，能不能一起走？”我与主人打了一声招呼便追上去了。

于是，我和雷蒙便一块儿离开了这儿。在路上，我的话往关于他和上司之间纠纷的事情引导。终于，我知道了所有事情的真相。正如我所猜想的一样，事情并不像他的朋友所说的那样简单。其实，在很大程度上还是由雷蒙不能很好地控制自我，而采取了不正确的态度导致的。

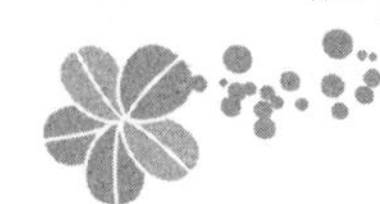

在刚刚开始的时候，雷蒙所采取的是一种针锋相对的强有力的对抗。有一次，当他将设计好的样本送到新来的上司那儿的时候，新来的上司只是粗略地扫了一眼，便让雷蒙重新再做一份。雷蒙当时便拒绝了，并且说："我认为并没有什么问题，如果你认为哪儿不满意的话，你自己去做？"雷蒙的这种对抗是无效的，没过多久，公司的老总把他叫进了办公室，语气委婉地批评了他一顿，让雷蒙配合新来的上司的工作。

有意的对抗是起不到任何作用的。于是，他便采取了一种消极的对抗。自从那次之后，对上面交代下来的工作，他也并不像以前那样热心，心想反正不管自己做得多么的完美，对方还是会找出不足之处来的。于是，他便在工作上糊弄。工作之余感到忿忿不平。就像是哲学上所说的一样，"事物发展是呈螺旋状的"。于是，他便跌入了一种心态极其不平衡的怪圈。

"那么你现在怎么办？难道就这样下去吗？"我问道。

雷蒙长长地叹了一口气，有些无奈地说道："不这样，我又有什么办法呢？"

"你这样便能够解决问题吗？"我接着问道。

我想了想说道："你怎么不采取另外的一种方式，去解决问题。"

"你可以找一个时间，把对方约出来，心平气和地同对方把事情说清楚。"

"这样行吗？"雷蒙半信半疑地问道。

雷蒙最后还是按我所说的方法将新上司约了出来，主动道了歉并坦诚了近来的心情。问题果然解决了。当我再次见到他的时候，他又像上次一样充满了青春，充满了活力。

就像是雷蒙一样，我们在现实生活中会遇到很多很多意想不到的事情。在遇到任何不公平的事情、受到不公平的对待的时候，你应该想一想，这样做真的能解决问题吗？多多这样去想，保持这种心态，你便能够很好地控制自我的情绪，一步步地向你的人生目标，向卓越接近。在翻看一些记载伟人风采的书籍的时候，你便可以清晰地看到，无一例外，他们都使用了这种方法，始终保持一种良好的心态，去控制自我。

不要总是站在自我的角度去想问题

因为人们总是站在自我的角度去思考问题，而将所有的负面因素归结到他人或者其他的原因上，久而久之，便在无形之中被情绪所控制，变成情绪的“奴隶”，而失去了本来应有的自制力，给自己，也给他人带来不良的后果。

从中国台湾洽谈业务回来的贝利·利克，向我讲述了他此次台北之行的一段有趣经历。

在贝利·利克刚刚到台湾，前往预先订好房间的宾馆，正准备领取钥匙的时候，没想到前台的服务小姐抱歉地告诉他，他所预订的房间的客人还没有退房，询问贝利·利克是否能够暂时下榻其他同等价位、同样条件的房间先住上一段时间，然后调换回原订房间。

贝利·利克在平时是一个非常随和的人。对于这样的事情他会采取宽容的态度，尽量地减少双方之间的麻烦。他心想，既然

如此，也就这样，反正什么样的房子都一样的住，也不一定非要住在原先预订的房间。于是，他爽快地答应了服务员的要求。

贝利·利克是来台湾洽谈业务的，在临出发之前，他便告知了一些客户自己下榻的宾馆以及房间号码。他怕前来寻找他的客户找不到自己，便十分委婉地告诉前台小姐，如果有人找他的话，让她转告一声自己换房间了。

贝利·利克打开了房间的门，简单地清洗了一下之后，便等待着客户前来访谈。然而，直到太阳快要落下，房间的门始终没有被敲响过。贝利·利克感到有些奇怪，他想不明白这到底是怎么回事，难道说是客户一时之间疏忽忘记了自己今天到台湾吗？还是……他想了想便主动给其中的一位王姓客户打了一个电话。让贝利·利克惊奇的是，王姓客户在接到电话的时候，十分惊奇地说道："你已经到了吗？我还以为飞机误班而延时了呢？为什么我刚才到你告诉我下榻的宾馆去找你的时候，他们告诉我，你并没有住进去？"

贝利·利克解释了一番，在约好了明天见面的时间和地点之后，便直接将电话打到前台，尽量言语缓和地询问对方，为什么自己已经换房了？

接电话的是一个小姑娘，她一个劲儿地向贝利·利克赔礼道歉，并且保证再也不会出现类似的问题。贝利·利克心想事情既然已经发生了，无论怎样责备对方，都已没有办法挽回，也就没有再说什么。

再也不会有类似的事情发生了，贝利·利克想。然而，类似的事还是发生了。贝利·利克再也忍受不住了，直接将电话打到了宾馆客服部经理的办公室，要求对方给他一个合理的解释。然而，让贝利·利克心里面感到更为不舒服的是，对方竟然没容贝利·利克把话说完便将电话挂断。

脾气一向很好，能够控制自我情绪的贝利·利克这一次真的感到有些恼火，将电话扔在了一边，坐在那儿生闷气，在那个时候，他的脑子里面只有两个念头：第一便是连夜搬走，第二就是非要让对方给他一个公正合理的解释。也就是在他准备采取其中一种方式的时候，门被敲响了，出现在他面前的是贝利·利克在台湾最大的客户。

“你是怎么找到我的？是前台告诉你的吗？”贝利·利克不由得好奇地问道。

“对呀！在今天下午我来寻找你的时候，前台告诉我你并没有入住。我还以为是飞机误班延时间了呢。我刚好明天早上就要赶到新加坡去开一个行业会议，正着急到时候你来了碰不着人怎么办，没想到前台打电话通知我，说刚才弄错了……”这位客户高兴地说道。

在那个晚上，贝利·利克和这位客户交谈得十分愉快，很快便签订了一笔达数百万美元的订单。接下来，贝利·利克可以说是一路畅行，顺利地达到了台湾之行的目的。成功带来的喜悦让贝利·利克将刚刚住进这家宾馆所发生的不愉快的事情渐渐地忘记了。当他正准备退房，踏上归途的时候，前台小姐带着一位打扮得很文雅的年轻人敲开了贝利·利克房间的门。

这个文雅的年轻人便是上次挂断贝利·利克电话的客服部经理。他没等贝利·利克开口说什么，就一个劲儿向贝利·利克赔

礼道歉，请求贝利·利克谅解，并且在贝利·利克支付房款的时候，破天荒地给贝利·利克打了最低折扣。

贝利·利克在给我讲述这个故事的时候，是在我家的客厅。当他讲完了自己台湾之行的事情后，阳光正好从落地窗户洒进来，照在他的脸上，我看到他脸上露出了掩饰不住的笑。

“你当时真的不感到生气吗？”我问道。

“生气，如果是你遇上这种事情我想你也一定会生气的。”贝利·利克说。

“如果你真的在那个时候离开了这家宾馆，你的台湾之行会不会像这样成功？”我继续问道。

贝利·利克沉思了一会儿，迟疑地说道：“我说不清楚，但是，我唯一可以肯定的是不会签订那份高达数百万美元的订单。”他在说那句话的时候，忍不住向我看了一眼，像是感慨一样继续说道：“其实，我们在有的时候能够善待他人，或者遇到不悦的事情想开一点，克制住自己的情绪，会给自己带来意想不到的结果。如果不是那位客户及时赶到……”

我完全明白贝利·利克所说的意思，忍不住点了点头，心中在想：是啊！我们在遇到不悦境况的时候能够善待他人，或者面对不悦的事情想开一点，克制住自己的情绪，不是便在无形之中减少了很多阻碍自己获得成功的困扰吗？说到底，人们经常受到情绪的困扰，常常被情绪所左右，在很大程度上，还是在于自己的心态不够健全，老是以“自我”为中心去看待问题。

造成“自私”这种心态的最直接的因素，还是人与生俱来的弱点。我们在现实生活中，无论遇到什么事情，头脑里就像是条件反射一样，闪现出的第一个念头，便是“这件事情对我有没有影响”。倘若这件事情跟自己无关的时候，人们的一般态度大多是漠不关心。如果这件事情真的对自己有影响，比如会伤害到自己的切身利益，人们便会变得重视起来。那件事情便会像是影子一样在脑海之中挥之不去，像是一只嗡嗡叫的讨厌苍蝇，搅得你心神不宁。又因为人们老是站在自我的角度去思考问题，便不能公正客观地去分析和解决问题，而将所有的问题归结到他人或者其他的原因上，久而久之，便在无形之中被情绪所控制，变成情绪的“奴隶”而失去了应有的自制力，给自己同时也给他人带来不良的后果。

学会宽容，用一颗平常心去面对一切身边的事情，你便能够走出不良情绪的阴影，对自己的决策和行为有良好的控制，引领你一步步地迈向成功，走向卓越。

加强自我控制能力的修炼

与良好的控制自我情绪一样，对自己一些其他方面的控制也是同样重要的。你要想获得成功，便必须采用一种积极的方法，去改掉身上固有的，阻碍你成功的一些细小的、被我们所忽略的不良习惯和不好的行为方式。

在很多时候，说起自控，以及加强自我控制能力的修炼，人们头脑之中首先所反应的便是如何去控制自我的情绪。其实，真正的对自我的控制并非仅指对情绪的自控，只不过是因为不良情绪对一个人走向成功、达到卓越的影响极大，具有极大的破坏和

阻碍作用而已。这让我们忽略了对其他一些事情，诸如，一些不良的习惯等的控制。也就是说，仅仅能够控制自我的情绪波动，并非拥有了很强的自控能力，仅此，也不能确保你实现自我的人生价值，走向成功。

我认识汤尼·丹佛尔的时候，他刚刚二十四岁，这个在绘画方面有着特殊才能的年轻人，却有着一个令人十分遗憾的嗜好，就是抽烟抽得太厉害。小小年纪的他，在走进我的办公室，与我短短交谈的半个小时之内，嘴角上始终没有断过香烟，放在桌子上的烟灰缸堆满了烟蒂。在烟霭缭绕的环境之中交谈，我确实有一点不习惯，出于对于自身的考虑，也是为了他的身体着想，我说道：“你可以少抽一点烟吗？”

汤尼·丹佛尔微微地一怔，看了我一眼之后，将刚刚抽了一截的香烟摁灭，不好意思地对我笑了笑，解释道：“实在不好意思，已经习惯了。”

我们接下来谈论着刚才的话题，也就是他这次来的主要目的，为我们公司设计一套新产品的包装盒。扔掉了烟蒂的汤尼·丹佛尔，思维明显没有刚才活跃，并且显得精神不怎么集中。

“你是不是昨天晚上没有休息好？”我关心地问道。

他打了一个哈欠，摆了摆手，说：“不是，我如果不抽烟，这个思维就跟不上，反应变得比平常要迟钝。”

对于汤尼·丹佛尔的解释，我感到好奇，为了能够顺利地交流下去，让对方能够明白我的意图，制作出满意的包装盒，我妥协了，主动让汤尼·丹佛尔抽烟。

香烟燃起之后，汤尼·丹佛尔就像是变成了另外一个人，瞬时之间思维变得又像是刚才那样活跃，一个个大胆而新奇的创意从他的口中说了出来。我被这个年轻而又有才华的人折服了，放心将新开发的产品的整个包装设计工作交给了他。

与汤尼·丹佛尔的交谈是一次愉快而又有意思的交谈，可是，对于他如此厉害的抽烟，我感到有些担心和惋惜。我目送汤尼·丹佛尔向门口走去，也就是在他走到门口的时候，忍不住手捂着嘴，发出了一声声的咳嗽。

“汤尼·丹佛尔！”我叫住了他，说道，“作为一个朋友，我希望你能够把香烟戒掉，这样不仅对你的身体有好处，还会在你以后和别人谈业务的时候，给对方留下一个好的印象。”

汤尼·丹佛尔没有说话，只是感激地朝我点了点头，便离去了。

汤尼·丹佛尔在几天之后，便完成了整个产品的包装设计草稿方案。对于他的作品我真的挑不出任何毛病。也就是因为我们采用了汤尼·丹佛尔所设计的这套方案，我们新开发的产品取得了很好的市场效应。可惜的是自从那次之后，我再也没有见过这个年轻人。直到在若干年之后，我遇到了他们同行业的一位认识他的熟人，问起他的近况之后才知道，因为汤尼·丹佛尔抽烟抽得太过厉害，身患肺癌，已经去世了。

听到这个消息，我不仅感到了一阵惋惜，惋惜这个才华横溢的年轻人就这么离开了人世。我想如果他能够及时戒掉香烟的话，一定不会这么早离开人世的，在不久的将来，他一定会成为设计行业的大师。可是……

我真的不愿意冉想下去，因为在我们的现实生活之中，有多少像汤尼·丹佛尔一样的人拥有杰出的才华，却不能够很好地控

制自我，而养成一种毁灭自我的不良习惯和不去注意一些小的看起来对自身没有什么影响，却最终导致自己人生失败的细小环节啊！我为他们感到遗憾，也为他们感到惋惜。

与汤尼·丹佛尔截然相反，能够认识到不良习惯所带来的危害，有着较好自控能力的森姆，便是一改自身的缺陷，而获得成功的。

汤尼·丹佛尔的不良嗜好是嗜烟，而森姆却是酗酒，并且在酒后经常做出一些令人无法理解的决策。也就是因为如此，他所开设的“阿波罗服装公司”经受了数次清盘破产的危机。直到有一次朋友提醒他，如果想事业获得成功的话，最好便是将酗酒这一毛病戒掉。森姆也认识到了这一点，便开始了戒酒。戒酒是一种对饮者的意志和自控能力的重大考验。在刚刚开始的时候，森姆总是有些管不住自己，好几次想放弃，戒酒都险些失败。然而，最终他还是在举起酒杯时忍住了。经过一段时间对意志和自我控制能力的考验之后，森姆终于彻底地将酒戒掉了。于是，“阿波罗服装公司”的业绩也明显好转，出现了蒸蒸日上的趋势。因为森姆并没有在酒后做出一些不理智的决定。

我想在这儿，我也用不着再说什么，聪明的读者已经知道了我的主要意图。那就是，只有具有良好自控能力的人，才能够走向成功，才能够迈入卓越人士的行列。而这种良好的自我控制能力，却并非单单指对自我情绪的控制能力，而是包括对情绪在内，对一些阻碍自己发展的行为习惯，以及不好的意识的约束。说白一点，便是通过对自我的约束使得自己走向成熟，走向卓越。

【延伸阅读】

日本企业之神——坪内寿夫

在日本商界，能够与“松下电器”的松下幸之助、“丰田汽车”的丰田英二并驾齐驱的，恐怕只有来岛集团的总裁坪内寿夫。他不仅拥有日本最大的造船厂和钢铁厂，并且还有银行、饭店等许多产业。经济势力雄厚，跻身于控制日本经济命脉十大财阀的他，便是一个拥有良好的自控能力，并凭借着良好的自控能力走向成功的卓越人士的代表。

与那些白手起家，通过自己的努力一步步走向成功的卓越人士相比，坪内寿夫要幸运得多。因为在1948年，34岁的坪内寿夫从西伯利亚回到故乡爱媛县之后，他的父母便将全部的家产340万日元，以及“大坪座”和“第二大坪座”两个小剧场，交给了他。在那个时候，这可算得上是一笔不小的财富。坪内寿夫完全可以凭借着父母给他的财产，在爱媛县过上衣食无忧的生活。然而坪内寿夫却认为：呆守着父母的产业，算不得大男人。因此他便打算创建一座自己的电影院，并且给予最妥善的管理。

要想建设电影院，便必须取得建设局的许可。于是，在1949年，坪内寿夫便来到了东京市。一下火车，坪内寿夫便满怀信心地走进了建设局。但是，事情并没有像他想的那么简单。当他向接待人员表明自己的来意，要求会见负责批建电影院的课长之后，虽然工作人员给予了通报，可是，迟迟没有见到科长出现。到东京后的第一天，坪内寿夫完全是在焦急不安的等待中度过的。第

二天，第三天，仍然是如此。说句实在话，当时的坪内寿夫，真的有些想放弃了。但是他始终没有放弃，积极地调整了心态，心想："既然自己已经来了，已经等了这么久，说不准儿明天课长便会会见他呢？自己如果因为生气而走的话，岂不前功尽弃。"

几天之后，课长终于出现了。坪内寿夫抓住了机会，连忙将报告双手呈给课长，仔细谈了自己打算创办一个电影院的愿望。但是，课长的表现异常的冷淡，一开口便将坪内寿夫拒之千里，连话都没有让坪内寿夫说完，便说："过几天再说吧。"

又过了几天，坪内寿夫带着有关资料到建设局再次等候课长的到来。情况就像以前一样，一天又一天过去了，仍然没有得到课长的接见。坪内寿夫一直坚持着，强忍着心中的不快等待着机会的到来，准备在再见到课长的时候，跟对方好好地谈一谈，说出在爱媛县建立电影院的目的和好处。这天，课长终于接见了坪内。不过，这位课长的态度并没有多少改变，依然坚决地反对坪内寿夫在爱媛县建电影院的事情。他对坪内寿夫说："爱媛县是一个小地方，已经有了好几个电影院，再者说县里的议长也用议会的礼堂放电影赚钱，虽然说议长的这种做法不对，但是，我觉得爱媛县真的没有再建电影院的必要。你还是回去吧！我是不会答应你的。"

毫无疑问，课长是在刁难坪内寿夫。面对课长的这种态度，坪内寿夫真的感到有些愤怒。然而，他还是很清楚自己来到建设局的主要目的是什么，压住了心中的怒火，仍然向课长陈述自己的理由，并且不卑不亢地提出抗议：议长的所作和他有什么关系？他只是一个市民，议长和他毫不相干！

坪内寿夫的抗议是无效的，课长的态度依然是那样坚决。坪内寿夫很无奈，在经过一番思索之后，心想只有先回到松山，请市长开具一张“今后不得用议会小礼堂放电影”的证明，再回来和课长交涉，说不定会有所转机。于是，他便连夜赶回松山，取得证明，紧接着马不停蹄地返回东京，将市长开具的证明交给课长。

坪内寿夫认为现在课长的态度肯定会改变的。可是，事情往往会出乎意料。这位建设局的课长，不知道是出于什么原因，仿佛是在存心整治坪内寿夫，总是拿一些冠冕堂皇的话来搪塞坪内寿夫，或者是用种种借口将坪内寿夫拒之千里。如果换作是其他人的话，对于课长这种无礼的刁难，脾气暴烈的人或许会和课长争吵起来；脾气好的或者会就此放弃。然而坪内寿夫并没有像他们一样，而是始终将自己的目的放在首位——在爱媛县建立一个真正属于自己的电影院。在有的时候真的忍不住，想找课长理论，或者心中有放弃的念头的时候，他会默默地告诫自己：不管用什么办法，一定要达到目的。于是，坪内寿夫便从早到晚都守在走廊上，等待着课长的出现。这样一来这刁难人的课长反而感到了一种压迫，更加产生了要好好整治坪内寿夫的念头。

凭借着一心想要建立一座属于自己的电影院的愿望，以及良好的自我控制能力，坪内寿夫永远保持着良好的心态和精神状态，不屈不挠地日复一日往建设局跑。慢慢地建设局的人都认识了这个韧性十足的年轻人，也知道了到底发生了什么事情。他们同情这个年轻人，而且认为课长做得太过分了一点。

坪内寿夫一天一天地等待着，希望课长能够改变初衷。一件出乎意料的事情发生了。课长的儿子不幸遭车祸死亡，肇事者竟逃离了现场。于是，人们纷纷谣传肇事者便是坪内寿夫。因为课

长没有批准他建立电影院而心有不甘，故意撞死课长儿子进行报复。他被当成了嫌疑犯带到了警察局。幸好，在不久之后真正的凶手被缉捕归案，才洗脱了罪名。

如果你是坪内寿夫，当你从警察局出来之后，你会怎样？是就此打道回府，还是去找课长理论。我想很多人会选择上述方法之中的一种。然而，坪内寿夫并没有选择上面的任何一种方法，而是仍然前往建设局去守候，希望能够再见到课长一次，能够和对方好好地谈谈。

不知道这位课长的态度到底是怎样，然而，就是上次的事情给坪内寿夫带来了转机。建设大臣亲自接见了他，并且以最高负责人身份向他致歉，并准许坪内寿夫建电影院的请求。终于，坪内寿夫凭借着良好的自控能力，及时地调整心态，以一种锲而不舍的精神，取得了在爱媛县建立电影院的权利。

坪内寿夫回到了爱媛县，在经过一番努力之后，电影院建成了。在这个时候，有人劝坪内寿夫最好能够加入松山市的电影院公会，并且建议他摆一桌酒席，结交同行。坪内寿夫听从了他们的意见，在一家大餐馆订了一桌酒席，并且请来了当时松山最有名的艺伎前来助兴表演。可是，这些同行怕坪内寿夫的电影院会抢走他们的生意，故意排挤，没有一个人出席这次酒宴。

同行的这种举动无疑是在排斥和孤立坪内寿夫，也可以说是对坪内寿夫的电影院怀有一种敌视的态度，更是对坪内寿夫的一种挑衅。如果换作是其他的人，肯定会在无形之中，将自己和他们对立起来。然而，坪内寿夫并没有这样去做。他仍是信心十足，一家家上门去送请柬，鞠着躬请人家“多多关照”。因为他知道自己的电影院要在松山市取得立足和发展的机会，无论如何都不能和他们闹僵。

在1950年春季，坪内寿夫在松山市中心大街的松山大剧场正式揭幕。由于日本在第二次世界大战之后是战败国，因为战争的影响，经济十分萧条，人们首先重视的是解决温饱问题。几年之后，也就是在1956年左右，日本国民经济开始复苏，人民经济生活才有所好转，电影便理所当然地成了最受人们喜欢的娱乐节目。在那个时候，即使是再平凡再差的电影都不必担心没有观众，这使得制片公司和电影院老板笑逐颜开。尤其是电影院老板，只要专门放映一个制片厂的影片，财源就能滚滚而来，影院实为当时获利最大的行业。坪内寿夫的松山大剧院也一样日日宾客盈门，盛况空前。票房收入为坪内寿夫积累了不少的资金。

在松山市，坪内寿夫算得上一个成功人物。但是，他并没有躺在所取得的现有成绩上，而是自我认识到，控制住自己洋洋得意的轻飘飘心理。他不甘心只当一位乡下小富翁，而有着更大的目标。他认识到：只有经营规模更大，赚更多的钱，才能算得上企业家，才能体现他这个男子汉的价值。也就是因为他有着这样的想法，做了一些当时电影界别人不敢做的事情，他认为要赚钱就要做别人不敢做的事。打破了一个影院只放映一个制片公司影片的传统，轮流放映当时日本的东宝、松竹、东映、大映四个大制片公司以及国外的片子，结果电影院场场爆满。

电影业和饮食业一样，是流氓最喜欢找麻烦的行业。坪内寿夫所采取的这种谁的片子受观众欢迎就放谁的方式，也给他带来了一些小麻烦。一些制片公司出于嫉恨，便找一些地痞流氓到松

山大剧院捣乱。坪内寿夫在处理这件事情的时候，仍然是良好的自控能力帮了他。身高虽然只有1.69米的坪内寿夫，腰围却有127厘米，体重105公斤。他的眼睛细小，耳朵却很大，容易使人联想到非洲的巨象。他往那儿一站，像一尊铁塔，两三个流氓不是他的对手。可是，他并没有凭借着自身的条件和前来捣乱滋事的流氓地痞发生冲突，更没有向他们服软。因为他知道：如果向他们服软，他们就会得寸进尺：如果拒绝他们，他们便在入口处捣乱，让一般观众不敢进来。当他们前来捣乱的时候，他只是叫管理人员立刻打电话报警。这样一来，地痞流氓不敢来骚扰。过了一段时间之后，社会上竟然传出流言蜚语，说坪内寿夫是个流氓头子，背上还刺了花纹，所以连地痞流氓都怕他。

无论在什么时候，面对什么样的困境，始终能够衡量出事情的轻重，控制住自我的情绪，避免一些不必要的事情的发生，是坪内寿夫获得成功、走向卓越人生的路标，更是他事业的推动剂。之后，他在收购濒临破产的“来岛船厂”、缓解“东邦相互银行”的危机等重大事情上，都是良好的自控能力在起着作用，最终使得他拥有造船、钢铁、商业、食品、金融、旅游、机械、电机、运输等特大企业，组建了有员工12.5万余人的来岛集团，与松下幸之助、丰田英二成了控制日本经济的十大财阀之一。

在事业上，良好的自控能力让坪内寿夫在一些事情的决策上，能够冷静下来思考，不被自己的情绪所左右，而带来不必要的损失。而在生活之中，良好的自控能力却让坪内寿夫改掉了许多不良的习惯，使得他的人格更趋于完善。他成功地戒烟、戒酒便是最好的事例。

由于在1948年坪内寿夫从西伯利亚回到家乡后，一下子便从双亲那里得到340万日元，变得有钱起来，就像是所有突然间拥有了一大笔钱的年轻人一样，都会变得挥霍无度。在刚开始的时候，他每天都会到松山市内最高级的餐厅，去吃比常人多几倍的食物，而且喝1升酒，每天抽80支烟。但是，他并没有认识到，养成这样的习惯，对他的身体，以及形象都不好。直到有一次，他前往银行，银行的人提醒他说："坪内先生，你每天都抽那么多的香烟，会增加我们的困扰的。"

"我抽烟和银行有什么关系？"坪内寿夫感到很奇怪，不解地问道。

银行的人说："当然有，我们担心你的健康。每次谈论贷款时，一会儿工夫，烟灰缸就装满了，可你是我们的大客户啊！"

坪内寿夫当然知道银行职员的言下之意。在开始的时候，心里觉得对方未免管得太宽。然而，当他冷静下来仔细一想，最终还是决定把烟戒掉。于是，他采取了以毒攻毒的方法，干脆一天抽200支烟。这样一来，早晨起床时，他不但感到口干舌燥，还恶心想吐，就这样将香烟戒掉了。至于戒酒是因后来事务烦心引起了糖尿病，医生警告他不许再喝酒，他才忍痛戒掉的。直到身体状况好了一些后，他才会慢慢地喝少量的薄酒或啤酒。

良好的自控能力，就像是在大海之中航行船舶的尾舵，是通往成功、实现自我人生价值、走向卓越人生的决定因素之一。来岛集团的总裁，被日本商界誉为"企业之神"的坪内寿夫，便是拥有着良好的自控能力，使得他在事业上处理一些事情的时候，不会被自己的情绪所左右，能够冷静、客观地做出正确的决策，

使得他的事业蒸蒸日上。而在生活上，自控能力却又使得他改变了一些不良的习惯，更添了他的自我魅力。由此，我们可以看到，良好的自控能力，对于我们的人生发展是何等的重要。

【阅读评语】

在古希腊，伟大的哲学家苏格拉底，便对整个人类提出了这样一个要求："我知我自己"。然而，遗憾的是经过了近千年时光的变迁，我们仿佛越来越不能够清晰地认识自己了，我们变得越来越迷失。确实，对于自我的认识是一件极其复杂的事情，也是任何伟人都难以解答的难题。虽然我们不能够完全地认识自我，难道我们便不能够采取一种折中的方式，就像是照镜子一样，在无人的时候，细想我们身上有些什么不对，到底是什么制约了我们的发展？采取一种很好的方法加以控制，特别是对情绪的控制，可使我们能够永远保持一种平常心，以一种积极而又客观的态度，去面对生活之中的一切。追溯很多名人成功的经验，我们可以看到，他们大多都是对自己有着很好控制的人，特别是对自我情绪的控制。

情绪，就像是一桶火药，毁灭的只是我们自己；

情绪，是无穷的动力，会让我们跨过困难的壕沟；

善于控制情绪，就像是驾驭烈马，让它载着我们向理想之地飞驰。

想要进取的读者朋友们，你应该始终记住只有对自己的情绪有着很好的控制能力，才能促使你走向卓越的平坦大道。如果说人生是一幕戏剧的话，那么，导演这幕戏剧的导演，不是上帝，更不是我们所说的命运，而是我们自己。在卓越人士所上演的成功戏剧之中，他们只不过是因为有着很好的自控能力，改掉了自己身上的一点缺陷而已。

【自测与游戏】

自控能力自测题

说到自控，一言概之就是对自我的管理，通过行之有效的方法排除制约我们走向成功、实现自身价值、成为一个卓越人士的障碍。或许，你是某家大型企业的高层管理人员，又或者你自己正组建了一支团队。你确实能够将公司或者团队治理得井井有条，正一步一步向着你预先所设想的目标接近。虽然你是一个优秀的管理者，然而这种管理相当的局限，所知的是对他人的管理。那么，对自我的管理，自我控制方面呢？恐怕没有人能够理直气壮地说自己可以很好地管理自己。

确实，没有人能够问心无愧地说出这样的话来。因为，这一切都是深藏在我们身上人性的弱点所决定的。每一个人，哪怕是受到世界瞩目的伟人，不管是古希腊的哲学家苏格拉底、柏拉图；文艺复兴时的哥白尼、达尔文，近代的科学家牛顿、爱因斯坦；文学家马克·吐温、莫泊桑，还是政治家尼克松、丘吉尔：还是近代的商界的精英拿破仑·希尔、韦尔奇，他们也不敢说自己是一个能够很好地管理自己的人。只不过他们比其他的人要懂得怎么克制自己，用一种积极的方法和正确的心态尽量地消除阻碍他们成功的因素而已。

良好的自控能力，就像是通往成功、走向卓越的路标。想要

获得成功，成为一个万众瞩目的卓越人士的你，自控能力怎么样呢？想知道吗？那么，你不妨认真地回答下面的一些问题。切记，在回答这些问题的时候，一定要如实。

1. 如果在某个休息天，你开车出外游玩的时候，忽然间天降倾盆大雨，你会——

A. 觉得很开心，心情显得更为开朗；

B. 一般，感觉平常，并没有受到任何的影响；

C. 感到烦躁不安，大怒而埋怨。

2. 早上很早起来上班，遇到交通堵塞，你会——

A. 打开车上的音响，一边听音乐，一边等待；

B. 无奈地坐在车上等待；

C. 坐立不安，不住地大声抱怨。

3. 因为你不小心做错了一件事情，遭到朋友或家里人大声指责，你会——

A. 尽量言语平静地向对方解释原因；

D. 装作就像是没有听到一样，不去理会；

C. 针锋相对，强词夺理。

4. 当你感到心里很烦、很不开心的时候，你会——

A 向朋友或家里人说出自己烦恼的原因；

B. 喜欢一个人待在一个地方，或者找一个安静的地方散散步；

C. 变得极其的烦躁不安，大怒，向周围的人或事物发泄。

5. 倘若你不小心弄丢失了一件自己很喜欢的东西，你会——

A. 坦然地接受现实，吸取这次教训，提醒自己以后小心一些；

B. 感到有些烦恼和不开心；

C. 怨天尤人，并且找其他的事物发泄。

6. 当你因为身体不适，只能躺在床上休养，看见别人在外面玩得很开心或工作得很出色的时候，你会——

A. 不受外界影响，专心致志地养病；

B. 感到有些郁闷和不开心；

C. 烦躁不安，责备自己为什么会突然间生病。

7. 在突然有一件幸运的事情降临到你的身上，你很开心、很兴奋的时候，你会——

A. 同朋友或家里人共同分享自己的快乐；

B. 很坦然，觉得并没有什么大不了的；

C. 感到十分的惬意，有些控制不住自己，近似疯狂地为自己庆祝。

8. 如果你非常喜欢某位歌星，想找他以前所出的老专辑，找了很久没有找到之后，你会觉得——

A. 想一想是不是自己的方法不对，然后采取更多的渠道收集信息；

B. 当没有这回事，继续寻找；

C. 烦恼、躁乱，很是急躁，埋怨为什么音像店不进这张专辑。

9. 在热恋的时候，你的男（女）友做了一件事，令你很不满意，你会——

A. 坦然指正，平心与对方相谈以和解；

B. 不理会，当事情没有发生；

C. 心里很不开心，骂他（她）一顿。

10. 在你工作的时候，因为疏忽做错了一件事，令上司感到很不满意和不开心，你会——

A 首先向对方道歉，保证自己以后不会再犯类似的错误；

B. 心里感到不安，害怕与上司相遇；

C. 尽量地强调原因，最好能够推卸掉责任。

11. 你是否觉得吸烟是一种不好的习惯——

A. 是；B. 不好也不坏；C. 不是。

12. 当你觉得身上有一个不良的习惯制约了你的发展时，你会——

A. 制订出切实可行的方案，争取在最短的时间改掉；

B. 尽量克制一下自我：

C. 认为已经根深蒂固，很难改掉，出了窑的砖好歹就这样，信马由缰，得过且过罢了。

你是否已经回答完了上述的问题，现在，你便可以清晰地知道自己对自我的控制能力有多高了。如果你选择的答案 A 有 10 个以上，恭喜你，你的自我控制能力较高；在 7 个与 10 个之间，表示你的自我控制能力一般，对一般的生活考验不成问题，但对突发性的事情或需要较强心理承受的事情，难以得到有效、正确的控制，还需要积极锻炼以控制自己的情绪；在 7 个以下，便说明你的自我控制较差，心情往往会很容易受到外来事物（事情）的影响，情绪波动较大，亦难经受得起生活的考验，需要很好地加强锻炼与控制自己的情绪。

提升自控能力的益趣游戏

自控能力的修炼，实质上是一种对自己心理承受压力和耐性的修炼。根据个人习惯的不同，有许多不同并且充满了情趣和意味的简单游戏可以达到这一目的。在这儿就只选几个较为常见和有意思的小游戏介绍给大家，希望对大家提高自控能力有所帮助。

A. 蹦极

这是一种极其时髦、深受喜欢刺激的年轻人所喜欢、被视作是锻炼自我勇气和突破自我极限的新兴运动。其实，“蹦极”同样对我们提升自我控制能力有所帮助。因为我们知道，自我控制力在很大程度上，是对意志力和忍耐力的一种挑战。你想想，从几十米的高空跳下，整个过程，不正是对自己的意志力和忍耐力的一种考验吗?

B. 三分钟自由体操

这个运动和游戏比较适合女性同胞，虽说是体操，其实只是一组十分简单的动作而已。

动作一：双手打开，尽量在一条直线上。

动作二：右腿伸直，往左肩方向抬起；（越高越好，最好能够使得大腿和脚有一种酥麻的感觉。）

动作三：与动作二相似，只是交换脚而已。

重复做上两到三次即可。

这是通过对身体平衡能力的训练而促使自我情绪控制能力提高的一种方法。

C. 你是我的敌人

这是一个增强自我情绪控制能力最有效的游戏，参加的人最好是你最好的朋友或者家人，是一种近似于相互之间人身攻击的游戏。要求双方用自己所想得到的语言去攻击对方，而被攻击者却不能够生气，还需在对方攻击自己的时候，带着笑脸，用最委婉的语言向对方致谢。

虽然这个游戏对情绪的自我控制有很大的帮助，但是，值得提醒的是，如果心理承受力较弱，没用一种正常的心态去进行这个游戏的话，很容易使双方的友谊破裂。

D. 法官与罪犯

两个或者两个以上人共同参与的游戏。道具为一副扑克牌，视参加人数而定，选出同等数量的扑克牌，但是必须选出红桃K和黑桃K。当牌选定之后，洗动牌，按着一定的顺序发牌，然后亮出各自所抽到的牌。红桃K为法官，黑桃K为罪犯。然后，法官随便给“罪犯”安上一个罪名。其他参加游戏的人，可以作为证人说出对方干了一些与这个罪名相关的实事（当然是胡编乱造）。

在他人说出这些“实事”的时候，“罪犯”只能够辩解。倘若有情绪激动的表现，便视作“罪犯”输了。

管理好自我，通过较强的自我控制能力，克制不利于自我发展的情绪的影响，改掉制约自己成功的一些行为习惯，是通往成功和卓越的捷径之一。希望每一个渴望成功、渴望自己成为卓越人士的人，都能够在平时注意自我控制能力的修炼。就像是优秀的电影大师一样，能够很好控制自我，上演出最精彩的人生戏剧。

第三章 捕捉人生最美丽的风景

——敏锐的观察才能

良好的观察能力就像是捕捉美妙人生风景的镜头，让我们能够在竞争日益激烈的社会大环境之中，寻找到好的生存发展机遇，同样地也可以预防一些即将或者未来可能发生的对我们的事业有所阻碍的事情，对我们的知识积累以及其他的方面都有很好的奠基作用。

成功源于一双会发现的眼睛

任何一个对生活走马观花的人，生活同样会对他采取一种粗心大意的态度。只要我们留心身边所发生的一切，便可以从中寻找出许许多多有助于我们走向成功的道路。成功源于一双会发现的眼睛。

坦白说，在这个世界上，恐怕没有一个人不向往成功，不希望自己能够成就一番事业。因为，在每个人的心底都或多或少地有着一颗积极向上之心。然而，遗憾的是，竞争残酷的现实世界，严格地遵循着达尔文的“物竞天择，适者生存”这一准则。能够成就自己一生事业的人，寥寥无几。于是乎，那些在现实生活中并没有实现自己心中理想、实现人生目标的人，免不了随着时间的悄悄流逝，经过岁月的风吹雨打，对生活的热情也就渐渐减退，陷入了一种无尽的感慨和无奈的悲哀之中。

尽管他们也曾为了实现自我的人生价值，为了实现人生的目标奋斗过，然而，就是因为没有寻找到很好的机会，很好的机遇，多少次成功与他们擦肩而过。于是，他们便将这一切归结到命运的头上，消极而悲观地认为，一切都是命中注定的，心灰意冷地认为：自己没有那种命。

真的是这样吗？真的是“我没有那种命，轮也不会轮到我吗”？我想还是在我讲述完一个叫哈利·罗根的人的故事之后，我们再来叙述这个问题。

与哈利·罗根的相遇是在一个清晨，在我公司楼下的麦当劳快餐厅。我正在一边吃着汉堡，一边随手翻阅餐厅里面免费提供给客人的报纸的时候，哈利·罗根走了过来，这个怯生生的，带着一点点忧郁的大男孩子站在那儿，看了我半晌，问道："你是奥格·曼狄诺先生吗？"

"是的，我是！你有什么事情？"我看着这个奇怪的年轻人问道。

哈利·罗根在我面前拘束地坐了下来。当时的我并没有将这件事情放在心上。因为，我已经多次遇到像这样的年轻人，我知道他们肯定有什么事情要询问我。于是，我便等待着他将心中的话说出来。可是，哈利·罗根看起来很紧张，只是喉头在不住地上下移动着，并没有发出任何的声音。

为了消除他的紧张感，我微微地一笑，说道："你是不是有什么事情要跟我说？"

哈利·罗根看着我，像是在想是不是真的要将心中的话说出来。时间在一分一秒地过着，他脸上的神色也越来越显得有些凝重。我可以看得出来，他的思想正在苦斗。说真的，我希望他快点将心中的苦恼说出来，告诉我。可是，我知道他在这个时候是很难说出来的。再有一个原因，便是马上就要到上班的时间了，我没有时间等下去。于是，我淡淡地一笑，递给了他一张我的名片，告诉他如果真的有什么事情要我帮忙的话，便打电话给我。就这样我离开了。

在这件事情发生之后，我一直等待着哈利·罗根能够给我打来电话，可是，都快一个星期过去了，他仍然没有给我打来电话。也就是在我猜想他不可能打电话来的时候，他却给我打来了电话，

约我还在那家麦当劳见面。

我再一次见到了这个奇怪的年轻人，在上次见面的地方，他显得比上次更加忧郁了，全身上下像是被一层淡淡的忧伤所笼罩。在见到我之后，他拿出了随身携带的一个手提袋，从里面拿出了许许多多设计精美的作品和不少就像是火一样红艳的获奖证书。我拿起那些作品看了看，又看了看那些获奖证书。虽然那些作品比不上一些现今知名设计大师的作品，然而，同样充满了灵气。获奖证书都是他在学校期间所获得的。

“是你自己设计的？不错”我赞赏地说道。

哈利·罗根淡淡地一笑，笑得很凄然。“不错又有什么用？到现在我还……”他欲言又止，仿佛有着说不尽的苦衷。

虽然我早就猜到了这个年轻人想对我说的，是一些自己所受到的不公平的待遇，可是在一时之间，我还真的不知道该怎样去询问他，询问他关于到底是什么事情使得他会这样。在犹豫了片刻之后，我还是将心中的疑问说了出来。

哈利·罗根所遇到的事情是我所想象不到的，他不同于我以前所遇到的任何一位，无论是从经历还是状态来说，他都不会是目前这种局面。因为对生活他充满了激情，他也在为自己的人生目标努力奋斗。可惜的是……生活好像是在和他开玩笑，一直在一种与成功无缘的状态之中默默无闻地徘徊着。他询问我这到底是怎么回事。说句实在话，这是我从来没有遇到过的事情，他让我告诉他一个很好的解决方法，然而，我也不知道该怎么去解决。

我不好意思地笑了笑，抱歉地告诉了他，说自己也是真的不知道该怎样去解决这个难题。当我的话说完之后，哈利·罗根的脸上露出了极其失望的神情，然后一言不发黯然地离开了。望着哈利·罗根的背影，我久久地坐在那儿，在思考着他刚才对我说的事情，我没有找出任何答案。

日子一天天地过去。一连几天，我都被哈利·罗根的事情所困扰着，努力地想找出一个确切的解决办法。直到迈克·菲特的到来，才让我恍然大悟。

“观察！他缺乏的是观察能力，不能够发现机遇和把握机遇！”这便是迈克·菲特对哈利·罗根之所以没有获得成功的原因分析。当然，他的判断并非是没有根据的。在我讲述完了哈利·罗根的事情之后，他是这样分析的：他完全肯定了哈利·罗根的才华，也肯定了哈利·罗根是努力地去实现自己理想的年轻人。照理来说这一切都决定了哈利·罗根会走向成功，然而，他又为什么没有获得成功呢？因为，他只知道怎样去提升自己的能力，而不知道将自己的才华发挥出来，寻找到一个适合自己发展的空间和舞台，寻找到机会、机遇，让自己借助机会和机遇就像是风筝一样迎风飞翔。

其实，他可以多参加一些相关行业的设计大奖赛，多通过一些媒体了解本行业的最近讯息，留心身边所发生的一切，然后伺机而动。迈克·菲特说哈利·罗根要想走出现在的困境，只有对身边的一切多留心、多观察。因为任何一个对生活走马观花的人，生活同样对他采取一种粗心大意的态度。只要我们留心身边所发生的一切，便可以从中寻找出走向成功之路。

善于观察才能把握机遇

成功的机会对任何一个人都是均等的。之所以在现实生活中有的人成功，有的人没有获得成功，是因为后者忽略了身边的一切事物，缺少对身边事物的观察，不能够发现机遇，并把握机遇去获取成功。

在很早的时候，我便听说过这样一个故事，说的是来自两个不同地方的人，前往底特律和波士顿寻找发展机会。他们在途中相遇了，各自说出了自己的理想，以及自己所要去的地方是怎样的美好，如果自己到了那儿之后，肯定会事业有成，实现自己的人生目标。说着说着，他们对对方要去的地方充满了向往，最后经过商量，他们相互交换了车票，去底特律的去了波士顿，去波士顿的去了底特律。在若干年之后，这两个人再一次于途中相遇了。然而，在这个时候，两个人完全不一样，其中一位意气风发，一看就是事业有成，而另一位呢？却非常的落魄，极其潦倒。

“你到了波士顿还好吗？”那位原本要去波士顿却到了底特律的人，就是穷困潦倒的那位，问道。

“真的谢谢你，谢谢你和我交换了车票，一点不错，波士顿确实就像你所说的那样，到处都是黄金，你看我现在……”那位高兴地说道，当他一眼看到了对方的样子之后，忍不住问，“难道说底特律……”

“唉！”这位叹了口气，说道，“你就不要说了，你看我现在的样子不就知道了吗？底特律并不像你所说的那样，在那儿……”

在这位的口中底特律被描述得就像是地狱一样。听着这位的话，再看看他现在的样子，那位有些于心不忍，于是，便给了对方一笔钱，他们重新交换了地点，并且约定在五年之后再在这儿见面，互相告诉对方自己的生活状况。

五年的时间眨眼即过。当他们再次见面的时候，没有想到的是那位原本在波士顿便已经很成功的人，在底特律的日子事业更显成功了，而那位穷困潦倒的人，却越发穷困了。

“你为什么又骗我？”一见面，前往波士顿的那位便埋怨道。

去底特律的那位，感到有些奇怪了，疑惑不解地说道：“我并没有骗你啊！确实，在波士顿有着很多的发财机会，我还要说你骗我呢？你不是说底特律就像是地狱一样吗？没有任何的发展机会，可是我却觉得它比波士顿还好！”

他们两位为什么会出现这样的差异，即使在同一座城市都会有着截然不同的看法呢？他们彼此对对方产生了好奇，便询问起对方在彼此不同的城市的感受。

先去底特律后到波士顿的那位是这样说的：“在底特律和波士顿我看到的是同样的景象，到处都是高楼大厦，到处是车水马龙的车流，到处是熙熙攘攘的人群，各行各业的人人满为患，我确实找不到任何的生财之道。在波士顿的生存条件甚至比底特律还要差。”

对于这位的说法，先到波士顿后去底特律的那位甚感诧异，因为，他承认确实在这两座城市竞争激烈，但是生活远远没有说的那样糟。在波士顿，他是看到人们只知道制造集装箱，而忽略

了制造集装箱所需要的螺丝钉，而他就是靠贩卖螺丝钉发财的。至于到了底特律，确实一次偶然的机会他发现底特律的人很喜欢饮用中国的茶，却没有正当的进货途径，便成立了一家贸易公司，将波士顿海关进来的中国茶叶运过来出售。他就这样发家致富了。

上面所讲述的故事中，两个人之所以有不同命运的原因就在于是否从观察中发现机遇。确实，成功源于一双会发现的眼睛，只有善于观察才能把握机遇，获得成功的机会。现今的许多商界精英便是因为善于观察，才能够获取成功的。其中最被人们所知的便是威尔逊，和家人出外旅行因体验产生点子而创立了“假日旅馆”。在我的身边便有一个因为有一双善于观察的眼睛而取得成功的例子。

道格拉斯·凯奇，是我在大学时候的同班同学，是属于友情最好的那一种。毕业之后，我进了一家文化出版公司，而他却进了一家在当地非常有名气的广告公司，做创意策划，生活得十分惬意。也就是当他在公司发展得一帆风顺的时候，他突然对我说：“我准备辞职开一家玩具出租公司。”

听到他这样的决定，我不由得一惊，因为我无法明白他怎么会有这样的想法，便询问他为什么突然间有这样的想法。

他笑着告诉我，说他这段时间以来，一直在观察这方面的事情。他发现所有的孩子身上都有一种喜新厌旧的心理，对任何玩具玩上一段时间便会生厌，而吵嚷着要别的玩具，但现在的玩具价格不菲。他收集一些玩具，租借给他们，收取一定的费用，怎么也要比买玩具便宜，这样一来会给家长减少不少的开支，又让孩子们有不同的玩具玩耍。如果开办一家玩具出租公司，一定会成功，取得很好的经济效益的。

道格拉斯·凯奇通过对身边细小事情的观察，从小孩子的玩具着手，寻找出了巨大的商机，他所开办的玩具租借公司，果然如他所料的一样，在刚刚成立的时候，便给他带来了巨大的经济效益。由此，可以看得出来，只要我们对于身边的事物多加注意，只要我们有一双善于观察的眼睛，便可以在最平凡的事情之中挖掘出属于自己的一桶黄金。

机遇是寻找来的

灵感，可以寻找。在小说的创作之中，所谓的灵感不正是我们生活之中所说的人生机遇吗？同样，在现实生活中，我们也可以用一双善于观察的双眼去看这个世界，我们同样会寻找到良好的发展机遇。

机会是等待来的，还是寻找出来的？这是我和斯蒂芬·缪特再一次谈到创作灵感话题时所引发出来的。那个时候，斯蒂芬·缪特正在写一本畅销小说，并且已经写了其中的一部分，也让我看了看。确实，那是一本写得很不错的小说，离奇的故事情节，流畅的笔墨，让我有这样一种感觉，觉得这本小说将会像《哈利·波特》一样，在全世界引起震动。我对他说："写得真棒！继续吧！你会创造一个奇迹的。"

然而，就在我殷切地等待着斯蒂芬·缪特将小说写完，再次拿给我拜读的时候，他却对我说："写不下去了，我没有任何的感觉！"

我不由得感到了一阵惋惜，为如此精彩的小说就此夭折而感到惋惜。我不想斯蒂芬·缪特所要写的小说就这样无疾而终，我尝试鼓励他，想让他继续将这篇小说写下去。

“我跟你说的是真的，不是我不想写，而是我真的写不下去，我一点感觉都没有。看来，我还是等一段时间，等到时候有了感觉才说。”斯蒂芬·缪特十分痛苦地说道。

我曾经也写过一些小说，虽然所写的东西，并不能称得上是什么好东西。可是，我毕竟有过那么一段经历，知道在写东西的时候，特别是在写小说的时候，确实需要那么一点点的感觉，需要有一种就像是闪电触击心脏的感觉。我想那可能就是所谓的灵感。对于斯蒂芬·缪特现在所处的状态，我十分同情。

不过，我并不十分赞同现在对灵感的说法：灵感就像是在不经意间闪烁的一束火花一逝而过，可遇而不可求。是的，我承认灵感是思想的火花，确实也是一逝即过，但是，我认为灵感并非是在无意间发生，是可遇而不可求的。其实，我们可以通过一双会观察的眼睛寻找它。

“那么，你怎么不尝试着去把感觉找回来呢？”我说道。

让我没有想到的是，当我说出那句话的时候，斯蒂芬·缪特就像是被一股强电流击中一般，惊诧地看着我，像是不相信听到的是真的一样，反问道：“你说什么？”

“你可以尝试着把感觉找回来！”我重复了刚才所说的话。

“你说什么？去寻找灵感？难道灵感会寻找得到吗？难道，你不知道，灵感是在偶尔之间所闪过的一束火花，如果错过了就永远错过，它是永远不会被你所寻找到的！”斯蒂芬·缪特激动地说道。

“我想一定会找得回来的，世界上所有的东西都可以找回来。”我坚定地说道。

斯蒂芬·缪特笑了，说道：“你是在开玩笑，你以为是不小心将钱包遗失了吗？你要知道那可是从脑子里面所迸发的思想火花，是一种无形的东西。我真的不知道有什么办法能将它找出来。”他一边说着一边摇头，像是我的话有些不可理喻。

然而，我仍然十分坚定地相信只要斯蒂芬·缪特去寻找，便一定可以重新找回逝去的灵感。我的相信并不是一种盲目的自信，而是有着自己的理由。

“那么，你说灵感是怎样产生的？”我笑着问。

斯蒂芬·缪特像是不屑于回答这样的问题，淡淡地一笑说：“偶尔之间的迸发。”

“真的是偶尔间的迸发吗？难道说它是凭空而来的？”我接着问道。

斯蒂芬·缪特有些犹豫了，想了想之后，说：“当然，这也要平时的积累。当积累到一定的时候，受到外部的刺激，才会突然间闪烁出思想的火花。”

“这样看来，灵感并不是凭空而来的，更不是偶然的诞生，而是一种必然的结果。也就是说灵感可以通过方法去寻找。”我笑着说。

斯蒂芬·缪特点了点头，同意了我的看法，不过他仍然固执地认为：灵感还是在偶然的机会产生的，不可能去主动寻找得来。

我笑着对斯蒂芬·缪特说：“你为什么这样固执，你不是已

经告诉了我灵感是可以寻找出来的吗？你为什么不去寻找呢？”

斯蒂芬·缪特睁大着一双疑惑的眼睛看着我，仿佛听不懂我所说的意思。

我微微一乐，继续向他解释道：“你刚才不是说，灵感是因为平时的积累到了一定的程度，而看到身边的一些事物，所经受的刺激而迸发出来的思想火花吗？既然是这样，那么你为什么不去想那些事情，留心去观察身边所发生的事情，我想你一定会再次闪烁出思想的火花的。”

斯蒂芬·缪特听完了我的话之后点了点头，像是接受了我的建议。

几天之后，斯蒂芬·缪特给我打来了一个电话，兴奋地对我说，现在他又找到了感觉，我的话一点都没有错，灵感确实可以寻找。并且他还告诉了我，之所以在前段时间没有感觉，是因为他觉得没有感觉而忽略了身边所发生的事情，在听了我的话语之后，留心观察身边所发生的每一件事情，都会让他觉得世界上的一切是那样的新鲜，都会让他感到一种创作的冲动。

虽然，我们一直说：机遇对于每一个人来说都是均等的。可是，机遇也不会凭空降临在你的头上，它总是垂青于把握主动、对社会细心观察的人。倘若你在充满了幻想地等待着机会的降临，恐怕就是机遇将你绊个跟头，你都会不在意，轻易地与机遇擦肩而过。

要想成就自己一生的伟业，想使自己成为卓越的人士，亲爱的朋友们，你们可要千万记住：机遇是寻找来的，而不是凭空而降的。擦亮你的双眼，细心地观察身边的一切，你便会发现，通往成功的列车一直在等待着你！

良好的观察能力会让我们走向卓越

良好的观察能力，就像是探测生命雷区的探测仪，会让我们尽量减少损失而顺利地走向成功，走向卓越！

细心地观察能够让我们寻找到良好的发展机遇，为我们的发展寻找到广阔的前景。同样，细致入微地观察，养成对身边的事情观察的习惯，培养良好的观察能力，会让我们对身边的事情有着防微杜渐的作用，会在问题没有发生之前，预感到问题的发生，并且，采取有效的方法，将它消灭在萌芽状态，从而避免事情发生之后，所带来的不利影响和不必要的损失。

如果说是良好的观察能力，使得道格拉斯·凯奇发现了租借玩具的市场，寻找出了发展的机遇的话，同样，也是因为他具有良好的观察能力，让他避免了租借玩具公司的倒闭，并且，使得玩具租借公司进一步扩大和发展，最终在纽约市市区开了将近三十多家连锁店。

道格拉斯·凯奇在从广告公司离职之后，便着手组建了玩具租借公司。确实，在开始的时候，生意如他所料想的一样，每天到这儿来租借玩具的家长络绎不绝，给道格拉斯·凯奇带来了良好的经济效益。道格拉斯·凯奇在看到了这种商机前景之后，决定大干一把，想进一步把规模扩大，多引进一些玩具。于是，他便着手联系进购玩具的事项。就像是所有的行业一样，当人们看到了这一行业有利可图，便蜂起仿效。一时之间，大街小巷上，各种规模的玩具租借公司就像是雨后春笋一样林立一片。看到这

种情形，道格拉斯·凯奇的眉头不由得皱了起来，毅然放弃了进购大批玩具的念头。因为，他知道如此众多的玩具租借店的开张，必将造成市场“供大于求”的局面。倘若自己在这个时候进购大批的新玩具，无疑是将钱往水里面扔，说不准会血本无归。于是，他便暂时放弃了那个念头，采取了冷眼旁观的态度。

果然，正如道格拉斯·凯奇所预料的一样，在经过短短的一段时间之后，所有租借玩具店的生意一落千丈，变得冷冷清清的。面对这样的情景，我对道格拉斯·凯奇说：“现在这个样子，我看你还是把它结束了，去干一点别的什么。”

道格拉斯·凯奇摇了摇头，笑着对我说：“我不会就这样放弃的，你看着，用不了多久，我的玩具租借店一定会变得生意红火的，并且比原来还要好。”

说句实在话，在那个时候我真的有些难以理解为什么道格拉斯·凯奇会那样的固执，并且十分坚信自己的生意会转好。果然，正如道格拉斯·凯奇所说的一样，当我再一次因事经过他的那家玩具租借店的时候，你猜我看到了什么？那家玩具租借店的玩具更多，生意也更加红火。而其他的租借店就像是从地球上消失了一样。

“怎么样，我说的没错吧！”道格拉斯·凯奇看到我走进来的时候，笑着问我。

我点了点头，半开玩笑地说道：“确实，你的推断一点不错。真的没有想到你的感觉竟然会这样准，是不是瞎蒙的！”

“什么瞎蒙的，你当我是什么。这一切都是我细心观察来的。”道格拉斯·凯奇骄傲地向我讲述了他为什么坚持，并且取得现在这样局面的原因。正如道格拉斯·凯奇所说的一样，他的玩具店能够取得这样的原因并非偶然，而是一种必然的结果。当大街小巷就像是雨后春笋一般林立着各式各样的玩具租借公司的时候，道格拉斯·凯奇的玩具租借公司也受到了冲击。在刚开始的时候，面对着一天不如一天的业务状况，他也曾有过结束玩具租借公司的念头。然而，他又不甘心就此放弃自己所创建的事业。于是，他便像是一个旁观者一样对所有的租借公司进行了一番细致入微的观察。通过一些细小的事情，例如玩具的陈设、规模，道格拉斯·凯奇感觉到他们并不是真的把玩具租借当作是一项事业去做，而是想乘着这个机会赚上一笔钱。看到这样的情况，道格拉斯·凯奇感到心头一阵轻松，他估计要不了多久这些玩具租借商店会一个个关门大吉的。因为，过多的店铺造成了市场的饱和，使得这些开设玩具租借公司的人得不到多少实惠。更让道格拉斯·凯奇感到高兴的是，只要他再等一段时间，便可以花比购买新玩具不知道要低多少倍的价钱将那些关门玩具租借店的玩具收购。

社会就像是变幻莫测的万花筒，生活更是五颜六色。在现实生活中，我们总免不了被繁杂的世界弄得眼花缭乱，而在一时之间失去了应有的判断能力。就像是道格拉斯·凯奇开玩具租借公司所遇到的问题一样。在若干类似的商店如雨后春笋一般林立的时候，我们总会自以为是地认为，事到如今，这个行业已经无利可图，没有了任何的发展机会。理所当然，大多数人会采取速速抽身的策略和做法。然而，道格拉斯·凯奇却不同，越是在这个时候，他越发地保持了冷静，通过自己的双眼去观察身边的一切，从而杜绝了自己冒失的决定，使得自己的事业得以进一步发展壮大。由此，我们也可以看得出来，良好的观察能力，对于走向成功、

走向卓越是何其的重要。特别是在我们遇到困难和险阻的时候，擦亮双眼，发挥自己的观察能力，透过事情的表象，去看清事情的本质，会有助于我们迈向人生的辉煌。

养成细心观察的习惯

注意身边的事物，养成细心观察的习惯，不断地提高自身的观察能力，对于未来所出现的矛盾和问题会有很好的预防作用。

我是一名心理咨询医生，开设的是心理诊所，有很多“患者”前来向我咨询怎样获取良好健康的心态，走向完美成功人生。确切地说，在这儿使用“患者”这个词语并不怎么恰当。因为，很多前来向我咨询的人士，并没有什么不健康的状态，只不过是心中有一些东西束缚了他们而已，让他们打不开心中的锁，而在人生的道路上止步不前。

“谢谢你，谢谢你！”在有一天的早上，我刚刚走进办公室，一个四十岁左右的中年人走进来，用力地握住我的手，激动地说道。我一时感到诧然，说真的，我很难猜得到这位为何对我如此的感激。

“博士，你或许忘记了我，我叫亨特·瑞恩。我想你一定把我忘记了，你知道吗，就是你上次对我说的话，要我学会观察，不要放过任何细小的环节，让我避免了一大笔损失……”这个自称为亨特·瑞恩的中年人向我不停地诉说着。

我看着眼前这位激动的中年人，在脑海里不住地搜索着有关他的记忆，我终于记起来了，这个中年人在前不久到我这儿来过一次。他是一家机械公司的老板，他上次之所以来到这儿，是向我询问为什么在他做出公司发展决策的时候，总会出现失误，事情的发展总会与他的愿望背道而驰。公司自从他管理之后，陷入了一片混乱。我问他是怎么做出决策和管理公司的。他说在制定策略的时候，是自己在办公室里面绞尽脑汁想出来的，而在管理公司的时候，只要有人向他反映了有关的问题之后，便会立时处理。

“那么你是不是经常和员工接触，注意观察他们的一举一动？”我当时是这样问他的。他摇了摇头，借口自己要处理工作太忙，没有时间。于是，我便告诉他，要学会观察，只要你学会用心去观察，你便会发现很多的问题，也会寻找出很好的解决方法。

在想起了那些事情之后，我冲着他微微一乐，示意让他坐下来能否将到底发生了什么事情讲述一遍。

亨特·瑞恩坐了下来，向我讲述了事情的经过。原来，他所开设的机械加工厂一直为西部某座城市的汽车制造厂家提供发动机。虽然说对方开出的价钱也比较合理，甚至比其他厂家还要高，可是，不知道究竟什么原因，每一次在交易的时候，总会出现一些细小的问题，使得产品与所签订的合同上面的条款不符，从而使得利润大大降低。这种状况一直持续着。亨特·瑞恩虽然在有的时候也怀疑为什么每一次都会出现差错，可是，一直以来粗心大意的他，也只是在装货的时候走马观花地看上一眼，觉得没有什么问题。可是，一旦货物到达对方那儿便出现了问题。

观察，多观察！亨特·瑞恩从我这儿离开了之后，时时刻刻地将这句话记在心上，变得对身边的事情细心观察起来。为了杜绝再次发生和以前类似的问题，就在前不久，准备发送五十台发

动机的时候，亨特·瑞恩改变了以往的做法，对五十台发动机进行了严格的检查，并没有发现任何问题。他害怕公司内部的人动手脚，亲自在集装箱上贴上了封条。

然而，不管亨特·瑞恩的防范措施是怎样的滴水不漏，当对方收到货之后，仍然回复说有几件与合同上的要求不符，要求亨特·瑞恩承担责任，要么降价，要么就按着合同上的条款赔偿他们的经济损失。亨特·瑞恩真的感到奇怪，因为，这一次的货品可是他亲自挑选和装箱的啊！没有理由会出现问题。于是，他便亲自前往拆封现场看一个究竟。

经过大约十几个小时的奔波，亨特·瑞恩来到了那家汽车制造厂，并且要求看一看那些出现问题的发动机。这一次出现问题的是五台发动机，亨特·瑞恩一台一台地仔细检查着，当他看完了所有的发动机之后，亨特·瑞恩大声地对对方的负责人说道:“这并不是我们给你送来的发动机！”

对方的负责人脸色微微一变，反问道：“先生你这是什么话，难道我们还欺骗你不成？”

亨特·瑞恩微微一笑，说道：“其余的几台呢？你能够让我看看吗？”

对方的负责人不好拒绝他，便领着他来到了堆放其他发动机的地方。亨特·瑞恩走到了那些发动机的旁边，伸手拧下了发动机上的一个螺帽，取下了上面的皮垫圈，说道：“这一次，我们送过来的全部都是使用红色垫圈的发动机，你不相信，可以把每一个垫圈取下来看看，而刚才的几台机器却是黑色的垫圈。”

对方的负责人一听懵了，连忙取下了另外一台发动机的垫圈，果然正如亨特·瑞恩所说的一样垫圈是红色的。

事情终于真相大白。也就是在那个时候，亨特·瑞恩明白了对方一直在使用这种奸诈的手段压价。他据理力争，在事实面前，对方不得已偿还了原来所抹杀的所有差价。

注意身边的事物，养成细心观察的习惯，不断地提高自身的观察能力，对未来所出现的矛盾和问题会有很好的预防作用。亨特·瑞恩正是因为一改以往粗心想当然的习惯，学会了观察，使得他避免了不必要的损失。同样，当你拥有了很好的观察能力，还会对将来所发生的事情有着很好的防止效果，起到所谓的拨乱反正的作用，能促使你朝着平坦的成功之路前进。

因为，我们知道，没有任何事情是突然发生的，都有一个因果的过程。而只要我们学会观察，有着很好的观察能力，便能够在事情还没有发生的时候发现苗头，我们便会避开这个阻碍我们前进的陷阱。

学会观察寻找发现机遇

我们知道双眼是用来发现的，它就像是一根火柴，而我们所看到的、观察的一切，就像是擦拭火柴，会将我们的思维点燃，会给我们带来一个难以预料的局面。这就是观察对我们的影响，它将更加有利于我们的自身发展，走向卓越，走向成功。

“学会观察，不仅让我寻找到了很好的发展机遇，让我避免了许许多多不必产生的矛盾。其中最重要的是，它让我学会了发现，让我从平凡之中看到了与众不同之处。虽然，现在在人们的

眼中我是一个杰出的、极富有创新能力的设计师，其实，我并不认为我是你们所认为的那样，我所做的只是把我所看到的，经过一番思考，把所见过的类似的加以比较美化而已。”

上面，是上个世纪“蒙特立广告设计创意大奖赛”第一名获奖者菲利普·莱恩，在接受《新周刊》记者朱莉叶·莎丽采访时，对自己取得这样成绩的回答。确实，正如菲利普·莱恩所说的那样，他之所以能够取得今日这样的成绩，和他平时对身边事物细致入微的观察是分不开的。

对于生活细致入微地观察，让菲利普·莱恩取得了成功。在浩瀚的历史之中，现实的社会生活里，因为有着敏锐的观察力，把所有看到的、观察到的一切积蓄在头脑之中，在适当的情景，适当的环境之中，受到外部的刺激，就会闪现出出人意料的思想火花。诸如，在一瞬间激发艺术家创作欲望的“灵感”，发明家偶然之间的一种无法说清的冲动……这一切的一切，都并非是真的偶然得到，其实这是一种因为平时对生活细致入微的观察的“能量”积蓄到一定的时候，所自然而然迸发的必然结果。法国著名的文豪巴尔扎克创作的《人间喜剧》、卡夫卡之所以写出《变形记》、马尔克斯所写出的《百年孤独》……一本本传世的世界名著，又有哪一部不是因为他们在平时注意对生活观察的结果，还有那些被万众瞩目、推动整个人类社会进步和文明发展的伟大科学家，如牛顿、爱因斯坦他们的发明，又有哪一项不是建立在平时注意观察的基础上的……

学会观察，善于观察，是创新的基础，是思想火花迸发的基础。因为，我们注意到了身边所发生的一切，我们便会发现身边的问题，便会去想办法解决所发现的问题。然而世界上即使看起来丝毫不相干的两件事物都会有着一种神秘莫测的联系。而真正的创新，寻找出一个与众不同的方法，在本质上便是去寻找两个毫不相干的事物之间所存在的必然联系。而这一切的一切，都是建立在平时对身边事物的观察基础上的。

汤姆·森姆，是一个刚刚读小学三年级的小男孩。他就住在我的隔壁。说真的，我真的没有想到就是这个看起来并不怎么聪明、一天到晚站在窗台上看着晾在窗外随风摆动的衣服的小男孩，会发明出吹不掉衣架。我感到有些好奇，便买回了一个这种吹不掉的衣架。是真的，你无法想象，这种吹不掉的衣架的发明是如此的简单，只不过是在普通的衣架上面多加了一个可以开合的扣子，在晾衣服的时候，将扣子合拢像是一只手紧紧地抓住晾衣杆。这样一来，任凭风再大，也不会再将衣架吹落。

简单，我真的没有想到，汤姆·森姆的发明竟然是如此的简单。然而，有很多伟大的发明就是这样的简单。就是现在风靡全球的电影，不就是卢米埃尔兄弟将 1/4 视觉暂留和小孔成像等原理加以利用，将前人已有的发明“幻灯片”、“照相机”原理利用起来所形成的吗？还有的就是松下幸之助发明“随身听”，不就是将小型录音播放机和耳塞连在一起吗？简单，我们可以看得到很多发明，被人们称为具有划时代的创意和造福人类的新发明原来确实如此的简单。

看着就是那么简单地加上一个扣子，便成了一项被人们所注意，并且给人们解决了实际问题的“吹不掉衣架”。我不禁暗暗地责备自己，为什么我没有想到呢？

“你怎么想到了这个绝妙的注意？”有一次，在社区的小道上，我遇到了汤姆·森姆，便忍不住问他。

这个小男孩有些羞涩，告诉我，他只是在偶然的机会看到了风将晾在窗外的衣服吹落，而母亲感到很生气，便想寻找一个方法不让风再将衣服吹掉，于是，就天天站在阳台上看着风是怎样吹动衣服，并且将衣服吹落的。他发现之所以衣服会被吹落，是因为衣服架子的挂钩是半圆形不合拢的扣子，当风吹得它们摆动的时候，便会自然而然地滑落。因为他的仔细观察发现了问题的所在，便想办法去解决这个问题。突然间他想起了自己曾经玩过的呼啦圈，将那个大的圆形的东西套在自己的身上，自己越是摇摆得厉害，呼啦圈便越发难以掉下来……他将这个玩具和晾衣架联想起来，便在衣服架的钩子上面加了一个活动的扣子。

听完了汤姆·森姆的讲述之后，我终于知道自己为什么从来没有想到，解决风老是将衣服架子吹落的方法是如此简单的原因，就是因为在平时我没有注意它，观察它而已！

双眼是用来发现的，它就像是一根火柴，而我们所看到的、观察的一切，就像是擦拭火柴，会将我们的思维点燃，会给我们带来一个难以预料的新局面。这就是观察对我们的影响，它将更加有利于我们的自身发展，走向卓越，走向成功。

【延伸阅读】

麦当劳王国的缔造者——雷蒙·克罗克

成功的机会对任何人都是均等的，关键在于你是否拥有良好的观察能力，善于发现机会，并且抓住机会。很多卓越的成功人士，便是因为有着敏锐的观察能力而发现机会，走向成功的。缔造了全球快餐王国——“麦当劳”的雷蒙·克罗克，便是因为他有着敏锐的观察能力，而在一次偶然的机会抓住了发展的契机，才走向成功的。或许大家可能还不知道，其实，“麦当劳”真正的创立者，并不是雷蒙·克罗克，而是一对叫麦克·麦当劳和迪克·麦当劳的犹太兄弟。雷蒙·克罗克有着敏锐的观察力，有一双善于发现的眼睛，看到了其中的广阔发展前景，将“麦当劳”收购，促使“麦当劳”在短时间迅速地崛起。

雷蒙·克罗克在经营“麦当劳”之前，生活和事业上并不是一帆风顺，而是历经了坎坷。家境并不怎么好的他，仅仅上了一年高中，便步入了社会，先后在旅行乐团、广播电台、房地产公司等地方干过钢琴演奏员、音乐节目编导、推销员等工作。直到1937年，他成为一家经销混乳机小公司的老板，状况才有所好转。但是，由于第二次世界大战的冲击，全世界的经济萧条，雷蒙·克罗克的公司也受到了严重的冲击，虽然他想尽了所有的办法，也只能勉强维持现状，并不能够取得更好的发展。转眼之间，雷蒙·克罗克已到知天命之年，看来他就要这样默默无闻地了却一生。然而，事情就在这个时候，发生了转机。那一年是1954年。作为经销混乳机老板的雷蒙·克罗克，意外地发现了一对叫麦克·麦当劳和迪克·麦当劳的犹太兄弟，在圣伯丁诺市开的麦当劳餐厅，一下子就定购了8台混乳机。这可是在那个经济萧条时期令人感到震惊的事情啊！雷蒙·克罗克感到奇怪，并且隐隐约约预感到一点什么，于是，他便亲自前往那家快餐厅，想看个究竟。

麦当劳兄弟所开的这家餐厅，与当时无数的汉堡包店相比，外表上似乎无太大的区别。然而，令雷蒙·克罗克感到吃惊的是，在中午，他看到了小小停车场里竟然有150多人在餐厅前排队购买快餐，更让雷蒙·克罗克吃惊的是，服务员竟然可以在15秒之内交出客人所点的食品。这种场面使得雷蒙·克罗克对这家小快餐店更为感兴趣了，使得他迫切地想知道是什么原因促使这家小餐厅具有这样的火热的生意场面。于是，他便故意大声地像是埋怨一样说道："我还从来没有为买一个汉堡包排过队。"

立刻，站在他旁边的一个人回答了他："先生，你也许是第一次来这儿吧！这里的食品价格低、品质好，餐厅干净，服务又周到。并且服务员的速度很快，别看队排得这么长，一会儿就可以买到。"

身旁顾客的回答，使得雷蒙·克罗克马上意识到了麦氏兄弟已经踏进了一座"金矿"，发现了快餐所带来的巨大商机。于是，他便进店找到麦氏兄弟，问他们生意这么好，为何不多开几家餐厅？在那个时候，雷蒙·克罗克并没有想到是去经营"麦当劳"，仅仅是从一个混乳机的经销商的角度察觉到，可以多卖几台机器。然而，迪克·麦当劳拒绝了他，说自己的家就住在附近，如果多开几家店的话，忙不过来可能就无法回家。

凭借着自己的敏锐的观察力以及多年的经验，雷蒙·克罗克意识到"麦当劳"有着广阔的发展前景。于是，他决定开办连锁餐馆。第二天，他就与麦氏兄弟进行协商。雷蒙·克罗克取得了在全国各地开连锁分店的经销权，接受了对方所提出的苛刻条件：雷蒙·克罗克只能抽取连锁店营业额的1.9%来作为服务费，而其中只有1.4%是属于雷蒙·克罗克的，0.5%则归麦当劳兄弟。因为，雷蒙·克罗克知道“麦当劳”会使他走向成功，给他提供了一个广阔的发展前景。

1955年3月2日，雷蒙·克罗克创办麦当劳连锁公司，并在同年4月，第一家麦当劳餐厅在得西普鲁斯城开张；9月，第二家麦当劳餐厅在加州的弗列斯诺市开业了；3个月之后，第三家餐厅在加州雷萨得市建立。推销员出身的雷蒙·克罗克，凭借着自己敏锐的观察力以及多年来积累的推销经验，开设的分店，就像是雨后春笋一般林立在美国的各个城市。到1960年，在全美国共有228家麦当劳餐厅，营业额高达3780万美元。麦氏兄弟拿去0.5%即18.9万美元的利金，而麦当劳连锁系统这一年一共只赚到7.7万美元。麦当劳连锁公司之所以取得这样的成绩，一方面在于麦氏兄弟的汉堡包配方以及快速制作，另一方面还在于雷蒙·克罗克通过细心观察在快速服务系统中做了许多细小的改良。然而，这些细小的改良是不能够适应麦当劳发展速度的。要想使得麦当劳有进一步发展，便必须在快速服务系统中做更大的调整。然而，他们当年签订的和约之中，规定了雷蒙·克罗克不能对麦氏所设立的快速服务系统作任何变动。于是，在1961年年初，雷蒙·克罗克便就出让麦当劳权利之事和麦氏兄弟开始谈判。但麦氏兄弟出价惊人：非270万美元不卖！其中兄弟俩每人100万美元，交税70万美元，而且一定要现金。雷蒙·克罗克当然知道对方的用意：就是不想让他取得麦当劳的控制权。他经过了再三考虑，最终还是答应了麦氏兄弟，借贷到270万美元，买下了麦当劳餐馆的名号、商标、版权以及烹饪配方。从此，雷

蒙·克罗克取得了美国的全部麦当劳快餐店控制权。虽然公司的名号仍叫麦当劳，却与麦当劳兄弟毫无关系了。摆脱了束缚，雷蒙·克罗克终于可以自由发挥了，他把自己的那一套做法发挥得淋漓尽致。

他通过细心观察，发现要想使麦当劳拥有长足和稳定的发展，便需要有一批具有强烈进取精神的人才。除了在人员的录用上去挑选那些具有获得成功潜力的人之外，他还着重于人才培养。在1961年2月，克罗克就在伊利诺伊州的爱克鲁市建立了第一所汉堡包大学。学员们经过19天的专业训练，外加一门法式土豆片选修课，经考试合格就可以获得“汉堡包大学”的学士学位了。1983年，耗资4000万美元、拥有7间教室、可同时容纳750名学员到校训练的又一所新“汉堡包大学”建成，这所新建成的汉堡包大学，每间教室内，都有电脑控制的自动录音和记分器，而且还有翻译设备，供外国的学员使用。28名专职教授开课的范围从生产力研究一直到机器的维修，几乎应有尽有。汉堡包大学的许多课程现在都被美国教育当局所承认，已经列为许多大学的正式学分。

雷蒙·克罗克的成功，在很大的程度上取决于他有着敏锐的观察能力。也正因如此，他选择了“麦当劳”，也正因如此，他买断了“麦当劳”获得了所有的控制权。可以说，麦当劳快餐王国的建立，都是雷蒙·克罗克敏锐的观察能力在起着推动促进作用。对人才的培训，使得麦当劳拥有了一批杰出的团队成员。而通过细心地观察，了解顾客的心理，创造性地提出了经营麦当劳快餐店的“Q.S.C”3项标准，即“quality，service，cleanness”，品质上乘，服务周到，地方清洁，更是促使麦当劳迅速壮大和发展的秘诀之一。

雷蒙·克罗克从麦氏兄弟手里买下第一个汉堡包销售店时，发现当时出售的炸土豆条是从冷藏柜里拿出来的，有点像“隔夜油条”，而且色泽暗淡，吃起来毫无香酥松脆之感。他认为这样的食品是不会引起顾客的食欲的，店里的生意也会因此而不景气。于是，他聘请专家着手改进炸土豆条的质量。首先要选用特别种植的土豆，切条后制成香酥松脆的炸土豆条。其次要不经冷藏，现炸现吃。这种新的炸土豆条出现在顾客面前时，果然备受青睐，销售量马上翻了几番。为了保证食品的质量，他还制定了一整套严格的质量标准，如要求牛肉原料必须是精瘦肉，脂肪含量不得超过19%。牛肉绞碎后一律按规定做成直径为98.5毫米、厚为5.65毫米、重47.32克的肉饼。除了保证质量之外，还必须强调一个“快”字：要服务人员在50秒内制出一块牛肉饼、一盘炸土豆条以及一杯饮料。

正是因为雷蒙·克罗克拥有这敏锐的观察能力，能够及时地发现有利与不利的一面，使得麦当劳飞速发展。特别是在麦当劳从美国走向世界的时候，敏锐的观察力，更起到了不可低估的作用。

1970年，雷蒙·克罗克准备进军海外市场，他将目标首先定在加勒比地区以及加拿大、荷兰等国家和地区开设麦当劳快餐厅。因为，他敏锐地察觉到这些国家的中产阶级大部分有这样一种思想：觉得到外面去吃饭是件关乎自己体面和健康的大事，需要的是华丽的进餐环境、服务人员整洁的衣冠、白布桌，以及一道道

的大菜。有那么一点点的麻烦。简单、方便而休闲的“麦当劳”快餐却正好解决了他们的难题。毫无疑问，麦当劳的最初尝试取得了巨大的成功。就这样，通过对各个国家的观察，除了使用同一套标准的营运系统之外，针对不同的市场文化，采用了不同的促销手段，麦当劳一步步地走向了国际快餐的舞台，到80年代初，在世界33个国家和地区建立了6000多家麦当劳分店。仅1985年一年就发展海外分店597家，平均15个小时就开一个店的速度使得它的竞争对手望尘莫及，在世界上建立了一个就像是神话一样的快餐王国。虽然在1984年1月14日，拥有资产3.2亿美元的亿万富翁雷蒙·克罗克因心脏病复发抢救无效而逝世了，但是他所创立的“麦当劳王国”还在迅猛地发展着。

从雷蒙·克罗克创建“麦当劳王国”的经历来看，我们可以明显地感知到敏锐的观察能力，对于一个人的成功是何其重要。它会让我们在现实生活中寻找到良好的发展机遇，从而及时地抓住机遇，促使我们走向成功，迈向卓越。

[阅读评语]

如果说人类真的是上帝所创造的，那么，对于在事业上成功的人士和我们所熟知的一些卓越人士，上帝在创造他们的时候，无一例外地都给予他们一种特殊的超强能力——敏锐的观察能力，让他们能够在我们每一个人所见到的事情之中，发现能够促使他们走向成功的机遇，并且能够很好地把握机遇，而促使他们走向成功、走向卓越。以至于我产生了这样的一种观点：“他们的成功源于拥有一双会观察、会发现的眼睛。”

确实，敏锐的观察能力，让他们获取了比旁人更多的发展机遇。难道说，他们的观察力真的是上帝所赋予的吗？倘若真的有上帝的话，那么上帝就是你自己！敏锐的观察能力，对于一个人的成功来说，是不可低估的。敏锐的观察能力就像是捕捉美妙人生风景的镜头，让我们能够在竞争日益激烈的社会大环境之中，寻找到很好的生存发展机遇，同样也可以预防一些即将或者未来可能发生的对我们的事业有所阻碍的事情，对我们的知识积累，以及其他都有着很好的奠基作用。

【自测与游戏】

观察能力自测题

良好的观察能力，是每一个卓越的人士都具有的能力。就像是达尔文的进化论，牛顿、爱因斯坦他们对整个人类社会有着推动作用的发明，没有哪一个的卓越成就不是建立在其具有良好的观察力的基础上的。既然良好的观察能力是卓越人士所应该有的能力，那么你到底有什么样的观察能力呢？是否自己的观察能力还有缺陷？试试回答下面的问题，对自己的观察能力做一次大检验吧！

1. 当你第一次走进自己要工作的地方，你首先会注意——

A. 办公室内桌椅的摆放；

B. 注意其他用具准确的摆放位置；

C 看看墙上挂的是什么。

2. 假如你与一个人相遇的时候，你会-—

A. 悄悄地将对方从头到脚打量一番；

B. 看对方的脸；

C. 只是注意对方脸上的个别部位。

3. 在你从一个风景很美的地方旅游回来之后，你所记住的是——

A. 景区的色调大印象；

B. 天空中漂浮的云彩；

C. 浮现在你心里的美妙画面。

4. 每天早晨醒来之后，首先在你的脑海之中浮现的是——

A. 一睁开眼就知道自己应该去做什么；

B. 偶尔想起梦见了什么；

C. 会想想昨天都发生了什么事。

5. 当你出外旅游，坐火车和公共汽车的时候，一般你——

A. 会注意到是谁离你最近；

B. 只注意自己身边的人或者最近的人；

C. 对什么都不感兴趣，不去注意身边的人。

6. 如果你在大街上散步，一般习惯下，你——

A. 会对身边经过的一切感兴趣，看行人、车辆和每一栋建筑；

B. 只是注意迎面过来的车辆和行人，脚下的路面；

C. 只看自己感兴趣的事物。

7. 在你经过摆满了精美礼品的橱窗时，你会——

A. 注意观察摆放在里面的每一件礼品；

B. 偶尔也看看在这个时候不需要的礼品；

C. 只对自己感兴趣的礼品看上几眼。

8. 如果你不小心将钥匙丢掉了，你会——

A. 把注意力集中到有可能遗失的地方；

B. 四处寻，找就像是没头的苍蝇；

C. 让家里人和朋友一起寻找。

9. 在你毕业之后的若干年，你拿出毕业时所拍摄的集体照片，你会——

A 仔细辨认照片上的每一位；

B. 感到激动；

C. 觉得当时有些幼稚、可笑。

10. 不会下象棋的你，当有人邀请你下象棋的时候，你——

A. 尝试去学会，并且想赢对方；

B. 借口拒绝，说自己暂时没时间，以后再说；

C. 直接拒绝对方，说自己不会。

11. 倘若你和一个朋友在某某公园见面，你先到了，对方还没来，你会——

A 留意身边经过的行人；

B. 找一点别的事情去做，打发时间，诸如看报纸；

C. 感到百般无聊，而胡思乱想。

12. 清风习习的夏夜，满天繁星，如果你一个人坐在天台上，你会——

A. 观看满天的星星试图能够分辨出某颗星属于哪个星座；

B. 什么也不想只是望着星空：

C 并不去看星星，而是想着自己的心事。

13. 你读完一本厚书，在放下的时候，你总是——

A. 用具体的记号详细地在所读到的地方做一个标识；

B. 在读到的一页夹上书签；

C. 什么也不做，相信自己的记忆力。

14. 对于你所交往的人，你所记住的是——

A. 对方的外貌；

B. 仅仅是名字而已；

C. 一个很朦胧的印象，很模糊。

15. 如果你在家里请人吃饭，在摆好餐桌之前，你会注意——

A. 所请的客人是否都到齐；

B. 是不是椅子够用，并且已经摆好；

C. 注意到桌子的外形。

上面的 15 个问答题，你是否如实地填写好了答案呢？如果你所选择的答案，A 在 12 个以上，说明了你的观察能力很强。所选择的 A 在 9 个到 12 个之间，说明了你具有一定的观察能力。如果在 9 个以下，说明了观察能力一般。如果你想成为一个成功、卓越的人士，在观察能力的锻炼上需要加强，并找出适当的提高方法。

提升观察能力的几种益趣游戏

敏锐的观察能力，就像是捕捉人生最美妙风景的镜头，它不仅会为我们寻找到良好的发展机遇，让我们洞悉人生的哲理，对即将或者可能发生阻碍我们前进的事情起着很好的防微杜渐作用，还能使我们积累知识，成为激发创新动力的基础。

敏锐的观察能力，明察秋毫的洞察力，是每一个成功卓越人士所具有的最突出的能力之一。想要获取成功，走向卓越的你，还不赶快加紧修炼自己的观察能力呢？在这儿，还是像前几章一样，向你介绍几个有趣并且能够提高你观察能力的小游戏，希望能够对提高你的观察能力有所帮助。

A. 长翅膀飞走的硬币

这是两个人共同玩的游戏。所使用的道具为一枚硬币。游戏的玩法和规则如下：参与游戏的其中一人将硬币放在手中，双手撑开，让对方看清楚硬币在手中，然后双手合掌，不停地晃动数次，将硬币握在手中，让对方猜到底是在哪只手中。当被猜出来之后，交换重复上面的动作。

B. 超级大侦探

游戏参与者必须在3个人以上。游戏的玩法和规则如下：在一间较为宽敞的房间的中央摆上一张桌子，桌子中间放上一把钥匙或者便于收藏的东西。当一切的道具准备好之后，便分配角色，其中一人扮演侦探，而余下的人扮演小偷或者其他的人。（到底是由谁充当小偷的角色，可由进行游戏的人商定，注意不应该被“侦探”知晓。）

一切的准备工作就绪，可以正式进行游戏。如果是在白天光线较好的环境进行游戏，当其中有人说游戏开始时，“侦探”应当转身背对所有参与游戏的人。“小偷”便应当用最快的速度将桌子上的“钥匙”或者别的东西偷走。“侦探”在听到“可以转过身来”之后，通过一切方法寻找出到底谁是真正的“小偷”。

C. 盲人过河

这是一个同时起到锻炼观察力和记忆力的游戏。参与人数不限，也可以一个人进行。在进行游戏之前，游戏的参与者可以在房间内用桌椅等物设置障碍，在极短的时间内看一遍之后，将眼睛蒙住，然后原地转上几圈，凭借着自己刚才的观察，以及心中所留下的印象去穿过这些障碍。只能够碰撞障碍物三次，倘若次数较多，应该重新开始。直到顺利通过之后，再重新设置障碍。

怎么样，这些游戏是不是真的很有意思？既然这样，你为什么不赶快试试呢？还犹豫什么？难道你不想成为一个卓越的成功人士吗？

第四章 改变固有思维模式和行为习惯

——独特的创新能力

这是一个不赞赏墨守成规的时代，所有的一切时时刻刻都在变幻。躺在固有思维模式和行为习惯之中的你，始终只能是一只困在茧里的蚕蛹，永远无法变成一只展翅飞翔的蛾！

发挥自己的创造力

一块已经被人嚼过的口香糖，再嚼又有什么滋味？我们发挥自己的创造力，给人们一块“新的口香糖”吧！

就像是古希腊伟大的哲学家所说的一样：“没有人能够两次踏进同一条河流。”因为世界每一分钟都在变化，都在前进。特别是在今天科技、文明高度发达的时代，世界更是瞬息万变，竞争也日益激烈，要想自己不被社会抛弃，从而取得发展，就必须时时刻刻地求变，顺应时代发展的需要，跟上时代变幻的步伐。面对着这样的局面，我为了使自己的事业有很好的发展，便经常在工作的时候，寻求一种突破，做出同行业的人不敢做的事情来。在这儿，我不去说自己是怎样的求变，以改变我的工作方式，以及工作策略的，我所要讲的是我在为了寻求更好的发展空间的时候，所采取的一项措施。

现在是经济信息时代，做任何事情想要成功都不可能离开媒体的宣传。我当然也知道媒体的宣传能够促使自己更加容易迈向成功。确实，我所创建的事业公司以及心理咨询机构，之所以获得像现在这样的局面，很大程度上应该归功于媒体的宣传。随着日子一天天地流逝，突然间有一天，我看到树立在自己公司外面的招牌与旁边的高楼大厦显得是那样的不协调，画面显得过于陈旧，跟时代有着那么一点点脱节。看着那幅巨大的招牌不要说是引不起我的任何注意，甚至让我觉得有那么一些碍眼。也就是因为在偶然间我看到自己的招牌所产生的这种感觉，我有了一种奇怪的冲动，便花了将近三天的时间，走遍了纽约市区树立起我公司招牌和招贴画的地方。在看到了那些树立在我招牌和招贴旁边，具有强烈的视觉冲击力、现代感，并且让所看到的人能够有一种联想的招牌和招贴，我觉得我的招贴和招牌更显得老土了。

我要重新做招贴，关于招牌的招贴，经过了一番思考之后，我做出了这样的决定。于是，我便按着报纸上的分类广告，给一些设计公司打去了电话。哈里斯·李奇，也就是在这个时候，走进了我的视线。

哈里斯·李奇是作为一家叫“卡普新街 14 号”的设计工作室的设计师，前来和我商谈招牌以及招贴的设计和制作的。这是一个相当有个性的年轻人，外形就像是街头流浪的歌手：飘逸的披肩长发，洗得失去了原来色彩的牛仔裤。

“先生，我想听听您的意见，在您的意向中，您打算将招牌和招贴做成什么样子，达到什么效果？”哈里斯·李奇非常客气地询问我。

说真的，到底要设计成什么样子，我还真的没有认真地考虑过。至于想要达到什么样的效果，当然是越能够吸引住人们的目光越好。可是，我怎么说呢？于是，我淡淡地一笑，说道：“到底要做成什么样子，我并没有什么要求，只要能够引起人们的注意便够了。”

哈里斯·李奇听完了我的话之后，稍稍地思考了片刻，点了点头便告辞了。在临走的时候，他对我说在三天之后，会将初步设计的样稿送来。

三天的时间转瞬即逝，我期待着哈里斯·李奇能够送来让我

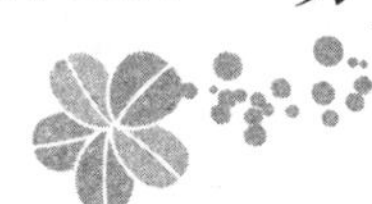

满意的设计样稿。因为，凭直觉我感觉到他是不会让我失望的。

哈里斯·李奇按着预先约定的时间准时地走进了我的办公室，他显得非常的疲倦，一边打着哈欠，一边打开设计的样稿。随着样稿慢慢地呈现在我的眼前，我不由得感到了一些失望。他给我的是在大街小巷随处可见的样稿，甚至给我一种似曾相识的感觉。看着面前的色彩斑斓的样稿，我的眉头不由得慢慢地皱了起来。

“先生，是不是有什么问题，有什么地方令您不满意的吗？”哈里斯·李奇觉察出来了，试探着问道。

“确实，与我所想象的有一些差异！”我说道，“你能不能再考虑一下，重新给我一份样稿。”

哈里斯，李奇诧异地望着我，好像有些听不懂我在说什么。在沉默了片刻之后，他像是解释道：“奥格·曼狄诺先生，你不妨再仔细地看看，其实这是一副相当不错的招贴，你可知道我可是花了整整三天的时间，参考了纽约市所有的招贴才设计出来的！”

“就是因为你参考了全纽约市的招贴，我才让你重新考虑一下。”我笑着说道。

哈里斯·李奇感到更加奇怪了，大睁着一双眼睛狐疑地看着我，像是在询问为什么。

我明白他的意思，对他说道：“我相信你的能力，忘记那些你脑海之中的招贴，我想你能够做出比他们更好的作品来。你要知道，我不喜欢和别人一样的东西。”

哈里斯·李奇望了一眼，像是明白了我的意思，又好像并不完全理解，卷起了样稿离开了。他快要走到门口的时候，突然间停了下来，转身对我说道：“那么，先生，我希望您能够给我多一点时间。”

“抛掉那些你脑海之中他人的设计图案，我相信你会做得比他们更好！”我一边说道，一边向他点了点头。

当哈里斯·李奇再次出现在我面前的时候，他比上一次更加憔悴了，飘逸的长发不再飘逸，双眼布满了血丝。看着他这副样子，我相信这次他给我的肯定是一副让我感到满意的样稿。果然，当他打开样稿的时候，我觉得眼前一亮，强烈的色彩令我感到炫目，多变而富有情趣的图形让我沉醉。我的目光一下便被吸引住了。更加让人意想不到的是整个招贴的画面竟然是由我的名字以及公司的名字字母变幻而成，简洁而又大方，使人一目了然。放下了样稿，我向他投过去赞赏的笑。

原本一直紧张地看着我的他，脸上也自然而然地露出了轻松的笑容。

“我还害怕这次还是不会令您满意。”他就像是感慨一样地说道。

“像这样精美的作品，我能不感到满意吗？”我看了看他，又向铺在我桌子上的样稿看去，说道，“你觉得这次的和上次哪一幅好！”

哈里斯·李奇骄傲地笑了笑说道：“当然是这一次，这也是我真正觉得是自己的作品，也是自己到目前最满意的作品。”

我笑着没有再说什么。

“谢谢您，先生！”哈里斯·李奇深深地向我鞠了一躬，真诚地说道，“您让我懂得了设计的真正生命力所在。”

“我只不过不喜欢嚼别人嚼过的口香糖而已！你上次给我的是一块别人已经嚼过的口香糖！”不知道到底是怎么回事，我突然间变得不好意思起来，便开玩笑地解释道。

“创新不是别人嚼过的口香糖？”哈里斯·李奇微微一愣，随即明白了是什么意思，脸上也露出了灿烂的笑容。

确实，在我们现实的生活之中，我们的思维往往被他人的经验和思想所束缚。让我们在考虑问题和做事情的时候，便在不知不觉之中把“他人的经验和思想”作为自己的标准，向他们靠齐，无形地制约了我们的创造性。虽然“前人好的成功的经验和思考方式”在一定的时候会让人们产生兴趣，有一定的推动作用，可是，当环境和时代不同了呢？“真理都不一定永远是真理”，更何况是那些经验呢？再者说，时代在不停地进步，人们又有着“喜新厌旧”的本性。人们对那些明日黄花或者炒冷饭的东西已经见得多了，已经失去了原来的效果，这不就像是一块被人已经嚼过的口香糖吗？再嚼又有什么滋味？我们为什么不在前人的基础上，发挥自己的创造力，给人们一块“新的口香糖”呢？

要有一点创新的精神

在现实生活中，有很多时候，他人的经验在我们的行为意识之中布下了一个不敢逾越的雷区，让我们无法超越自我，严重地桎梏了我们的思维，让我们的创新能力变得异常微弱。

“你千万不要这样，我就是因为上次……”

“你相信我，我是作为一个朋友才告诉你这些前车之鉴，我不希望看到你重蹈覆辙。”

“你怎么能这样呢？上次我这样……”

当我们要做出一个决定，想去干一点什么的时候，身边的人总是这样向我们劝诫。用一种他们认为该做不该做的标准，去对我们进行引导。我们没有理由去批评那些给我们提建议、用他们实际的经验来告诫我们的人们。不仅不要去抱怨他们的好心的建议，反而要感谢他们。感谢他们真心实意地关心你，提醒了你，如果你这么去做的话，可能会有这样的后果，而让你重新考虑自己应该怎样去做，怎样做得更好。在接受他人的建议，当他人善意地讲述他的经验的时候，我们便需时时刻刻地保持着这样的态度。这才是一个卓越人士看待事物的正确方法。然而，遗憾的是，在现实之中，又有谁能够保持这样的态度呢？

“是啊！既然他曾经这样做过，而受到了损害，我又何必……”在他人善意地向你讲述了他所获得的经验之后，很多人心中原本蠢蠢欲动的激情，想尝试的万丈豪情，就像是被泼了一桶凉水，化作一阵白色的水蒸气散得一干二净。因为，在无形之中，他们的经验就像是一条看不见的锁链紧紧铐住了我们的双脚，让我们不敢再向前迈出半步。他们的经验在我们的行为意识之中布下了让人不敢逾越的雷区，让我们无法超越自我，严重地桎梏了我们的思维，让我们的创新能力变得异常微弱。

赖特·布奇，我一个朋友的一位同学，他在文学上很有天赋，所写的东西经常受到老师和同学们的好评。老帅俾斯·惠特很是欣赏他，并且向他提意见：如果赖特·布奇真的想在文学上有所成就的话，最好能够看一些有关文学理论的书籍，加深自己对文

学的理解，才能够写出更好的、具有深度的作品。

“像是亚里士多德的《论戏剧》、米兰·昆德拉的《论小说的艺术》这样的书你应该多看一点……”老师俾斯·惠特向他推荐了一些自己认为应该看的书。

赖特·布奇接受了老师的建议，找来了大量文学艺术理论的书籍，并且真的用心去看。照理来说，他看了那么多理论方面的书籍，在文学创作上肯定会有一种质的飞跃。然而，事情却正好相反。当老师再让他写一篇小说的时候，他的文章再也找不到原来的影子，不能看到流畅的文字之间流淌出来的激情与独到见解。整篇文章是那样的没有一点韵味，就像是被人嚼过的甘蔗。

老师在看到这篇文章之后，简直不敢相信是出自赖特·布奇之手。感到难以理解的他找到了正怔怔地坐在草地上像是在想什么的赖特·布奇，有些忧郁、苦恼的赖特·布奇。

老师的眉头不由得皱了起来，坐在了赖特·布奇的身边，关心地问道:“赖特，你是不是有什么心事，怎么写出来的作品退步了？”

赖特·布奇转头看了一眼老师，顺手在草地上拔起一棵草，无力地向前方抛去，说:“我再也写不出什么东西了，我不敢写！”

“为什么？”

“在看了你给我介绍的那些书之后，我在写东西的时候，总是觉得有些害怕，害怕自己写得不好，不符合……”

老师的眉头皱了起来，随即明白了赖特·布奇为什么会有这种状态。因为，那些作品之中的一些观点，一些不必要的规则，在束缚着他，让他在写每一篇东西的时候，都将那些前人的经验观点奉为圭臬，不敢去写出自己心中所想的东西。老师本来想要让赖特·布奇去借鉴一些其他人的好经验，没想到竟然适得其反，桎梏了赖特·布奇的创作思维。

“你难道不能够忘记那些，写自己想写的东西吗？”老师叹了一口气说道。

“可是，我无法忘记！我一拿起笔那些东西便自然而然从我的脑海之中跳出来。”赖特·布奇十分痛苦地说道。

老师真的感到没了办法，不知道该怎样去劝诫他。老师静静地思索着，思索着怎样才能够让赖特·布奇从他人的经验桎梏之中走出来的方法。他默默地看着远方经过的人群，思索着怎样才能够让赖特·布奇从这种状态之中走出来呢？忽然之间，他的脑海之中冒出一个主意……

“赖特·布奇，你这个星期天有别的事吗？如果没有其他的事情，我想让你陪我去一趟乡下？”老师突然间问道。

赖特·布奇没有拒绝，点了点头。

星期天，老师和赖特·布奇一块儿离开了繁华的纽约市区，向郊区而去。他们从汽车上下来之后，一边聊着一些无关紧要的话题，一边沿着一条偏僻的小路缓缓向前走去，越往前走越显得荒凉和僻静。

“我们这是上什么地方去？”赖特·布奇不由得感到有些奇怪了。

老师一笑，并没有回答。

当他们继续朝前走的时候，一条小河横在了他们面前，挡住了他们的去路。赖特·布奇停了下来，朝老师看了一眼，像是在问，现在我们怎么过去。

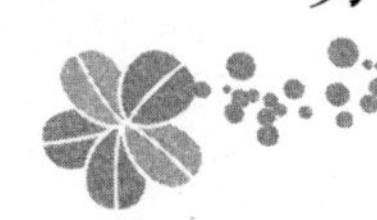

“我们去看看附近有没有人，问问河水到底有多深，如果不深的话，我们可以趟过去！”老师说道。

他们一共问了三个人。

第一个比他们高出两个头的粗壮汉子说：“河水浅着呢，我每次都是趟过去的。”

“什么？你问这儿的水有多深，还想趟水过去，难道你们不要命了。我们村子里的菲戈尔就是在这条河里淹死的。”他们所询问的第二个人，一位中年妇女这样说道。

赖特·布奇听了两种不同的说法之后愣了，不知道到底应该相信谁才好，便向老师看了过去，希望老师能够给他拿一个主意。

老师望着赖特·布奇一笑，说：“你说呢？赖特·布奇，现在怎么办？我真的有急事要赶到河的对面去。”

赖特·布奇在思考着，在分辨着哪一句话才是对的，才是真的。他越想越感到糊涂，过了好久才吞吞吐吐地说道：“我也不知道，他们……”

“我看我们还是亲自试一试，你觉得怎么样？”老师在说完那句话之后，便脱掉了鞋子，卷起裤腿，向河水中走去。

赖特·布奇急了，有些担心老师会遇到什么意外，直愣愣地站在那儿，想要说一些什么，又不知道怎么开口。老师在这个时候，已经走到了河的中央，水并没有将老师完全淹没，只不过到他的大腿而已。他站在河流的中央，回过头，微笑着冲赖特·布奇说道：“嘿！赖特·布奇，你怎么还站在那儿，难道你不想和我一块儿过去吗？”

赖特·布奇犹豫了片刻，才试探着向河水之中走去。

老师走在前面，赖特·布奇跟在后面，他们终于顺利地趟过了河。河水并没有像第一位遇见的大个子说的那样浅，更没有像第二位所说的那样能够把人淹死。赖特·布奇觉得有些难以理解了。而让他更加奇怪的是，老师又让他跟着自己涉过河流。

“你不是说有什么要紧的事情才过河的吗？”赖特·布奇好奇地问道。

“是啊！没错，确实是很重要的事情，但是已经做完了。”老师回答道。

赖特·布奇更加不能明白了，惊愕地望着老师。

“你难道不明白我这样做的意思？”老师问道。

确实，赖特·布奇难以理解老师为什么要这样做。不过，在老师的解释下，他终于明白了老师的苦心。他又恢复了原来的状态，并且作品有了真正的质的飞跃。

“我真的很感激俾斯·惠特老师，如果不是那件事情，我想我很难从他人的经验之中走出来，用自己的观点和思维去看待问题。你知道吗？经验是因人而异的，不仅如此，还跟周围的环境有着密切的关系，他人成功的经验在很多时候，在我们身上并不完全适用，只能作为一个借鉴。如果你一味地相信他人的经验，便会将自己的思维桎梏起来，无法突破，无法创新！就像是那次过河一样，我们所遇到的两个人都是从自己的角度出发说出他们的经验的。”在后来的日子里，赖特·布奇和我一起聊起大学时光的时候，他总是这样感慨。

是的，我们确实应该感谢俾斯·惠特，他让我们知道了怎样去对待他人的经验，让我们知道了如果一味地相信他人的经验，便很容易丧失自我的创造性。在这个时时刻刻变幻的世界，没有

一点创新的精神，我们又怎么能够获得更好的生存机会，走向成功，走向卓越呢？

做善于创新而不是墨守成规的人

道格拉斯·凯奇说，驴子是墨守成规的典型形象。之所以有千里马和驴子的区别，在于是不是眼睛上蒙着眼罩。

这是一个在和朋友们聊天的时候，由道格拉斯·凯奇一句玩笑话所引起来的事情。那天我、道格拉斯·凯奇和赖特·布奇好不容易聚在了一起。

“你们知道千里马和驴子的区别吗？”道格拉斯·凯奇突然问道。

他的这个问题显得有那么一点突兀，让我和赖特·布奇不由得愣了一下。过了好半天，我才说道：“那么，你说有什么区别？”

道格拉斯·凯奇神秘地笑了笑说道：“千里马会在广阔的天地驰行，驴子只能够围着石磨打转儿。”

我和赖特·布奇不由得都乐了，因为，我们还以为他有着什么高深的见解呢，没想到……

“我真的不知道你怎么突然间会问这么简单的问题。”我还没有说话，赖特·布奇便说道。

“简单，你们真的认为简单吗？你们真的认为千里马和驴子的区别就这么简单吗？难道你们没有想过是什么造成了这种区别？”道格拉斯·凯奇反问道。

也就是在他的那句话说出口之后，我便猜到了他肯定要说一点什么，并不是仅仅在说马和驴子，他要说的是其他的事情。于是，我便顺着他的话说：“你是不是又有什么独特的见解，说出来让我们听听！”

“你们认为驴子有可能会变成千里马吗？”道格拉斯·凯奇继续问道。

“驴子就是驴子，怎么会变成千里马呢？”我越发地觉得道格拉斯·凯奇有些奇怪。

赖特·布奇没有说什么，只是在一旁似笑非笑地听着。

“它完全可以变成千里马！”道格拉斯·凯奇十分肯定地说道，并且说出了自己的理由。而他的理由确实简单到让人难以置信：“在驴子拉石磨的时候，把罩在它眼上的眼罩拿掉。”这就是道格拉斯·凯奇让驴子变成千里马的秘诀。

这是一个我们完全不能够信服的理由。说真的，我真的难以相信如果将蒙在驴子眼上的眼罩除掉的话，驴子就能够变成千里马，那么为什么世界上千里马是如此的难求呢？

我摇了摇头，说道：“谬论！”

“完全是一派胡言！”赖特·布奇也在一旁说道。

我们的话并没有动摇道格拉斯·凯奇的观点。他仍然十分坚信只要将驴子眼睛上的眼罩取掉的话，驴子便能够成为千里马。

“眼光、所有的一切都是眼光所决定的，你们知道吗？千里马和驴子的区别就在于他们眼睛所看到的。你想想，千里马之所以成为千里马，就是因为它奔驰在广阔的原野之间，看到了美丽的风景，它想要看到更加美丽的风景，便不停地奔驰，即使是别人没有走过的路，也敢走，就成了千里马。而驴子呢？人们为了让它安心

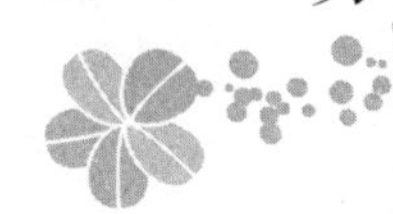

地拉石磨，便在它的眼睛上罩上一个眼罩，它什么都看不见，你想想，它又有什么激情去狂奔，又怎么敢去涉足从来没有涉足过的地方，去追寻更加美丽的景色呢？”道格拉斯·凯奇感慨地说道。

他是在以千里马和驴子喻人，这个时候我恍然大悟，像是明白了他的意思，便接口说道：“你是不是说这一切都是因为他们心中有没有理想？”

“可以这么去理解，但是，这只是原因之一，更重要的是如果真的想要让驴子变成千里马，我们还要进一步去探索，到底是什么让驴子心中没有希望，为什么驴子始终只能是驴子，而不是千里马。”道格拉斯·凯奇继续说道。

一场原本很是轻松的聚会变得有些沉重起来。我和赖特·布奇没有再说什么，静静地听着他的解释，他的观点：

“千里马之所以是千里马，是因为它所看到的较多，所接触也较多，就像是一个人一样，一切都是信马由缰，没有任何的约束，它就能够跑得很远，能够到达驴子不能够到达的地方。而驴子因为眼睛被眼罩蒙住，虽然有着成为千里马的基本条件，但是因为所见到的事物较少，有着很大的局限性，便决定了它只能够拉石磨，而不能达到千里马所能达到的距离和高度！”道格拉斯·凯奇在说到这儿的时候微微一顿，朝我和赖特·布奇看了一眼之后，接着说道，“其实，我们可以把千里马看成是一位具有创新能力的人，而驴子却是墨守成规的那一类人。心中存有理想，敢于用自己的眼光去看待问题，并且敢于打破常规，敢涉足从前自己没有到过的地方，达到另一种境界，这或许就是事业成功的人与普通人之间的主要区别。”

发挥最有效的创新能力

正确地理解创新的含义，认识到每个人身上都有创新能力，是打破阻碍我们创造力发挥、创新能力发挥的最有效的方法。

现在是信息多变的时代，只有具有创造力，有着创新能力的人才能够获得长足的进步和发展。然而，不知道到底是怎么回事，当我们说到创新，说到应该有那么一点点的创新能力的时候，很多人都对自己有所怀疑，认为自己一个平凡的人怎么会有什么创新能力呢，自己又怎么会创造出与众不同的新东西来？那应该是像爱迪生一样有很多知识、高智商的人做的事情。作为平凡的普通人，我们还是规规矩矩地遵循着前人所留下的规矩行事，这样才是最保险、最稳妥的方法,即使……在现实生活之中,大部分人有着这样的念头。

其实，创新并没有我们所想的那样困难和复杂。我们人人都是天生的发明家，我们每一天都在创新，只不过我们并没有意识到这一点。你是不是觉得有些难以相信，自己每一天都在创新？

是的，我们每一天都在创新。譬如，在现实生活中，我们经常会遇到这样的习惯，自来水龙头漏水，在管道修理工没来之前，我们大多会采取一种紧急措施，每个人所采用的方法绝对不同，而这种应急方法难道不就是创新吗？不要说这些，就连我们每一天早上起床之后洗脸和刷牙方式也不一样，难道你每天所做的与前一天做的绝然相同吗？我想绝对不会相同的，或多或少都有那么一点点区别，这种区别难道不能说是一种创新吗？

正确地理解创新的含义，是打破阻碍我们创造力发挥、创新

能力发挥的最有效的方法。

巴黎的时装女皇——卡布里埃·香奈儿，之所以能够一改20世纪初巴黎妇女陈旧而古板的着装，使得巴黎成为“时装之都”，不就是她对于那些服饰进行小的改动，而使得原来的时装变成了另外一副模样的结果吗？还有上面所提及的汤姆·森姆发明吹不掉衣架，也不就是在挂钩上加上了一个小小的可以开合的封口环吗？

你或许认为我把创新说得过于简单，但是，我所说的一切都是事实，一个无法更改的事实。有许多发明，以及一些能够提高工作效率的新方法，在它们还没有出现、还未被人们所熟悉的时候，你是不是也考虑过？这不正好证明了你同样拥有和他人一样的创新能力吗？

确实，我们每一个人都有创新能力，只不过，很多人受到了一些其他因素的影响，对自己没有信心，而自我否定了自身的创新能力，压抑了自我的创新能力而已。

确实，只要我们打破桎梏我们的思维模式、行为习惯以及信心和来自外界他人经验的影响，在平常所做的一些事情的基础上，再往前跨出小小的一步便够了。既然如此，我们为什么不挺起胸，树立起信心向前再跨出那么小小的一步呢？

这小小一步的跨出，会让你走进另一座人生的殿堂。

勇敢地发挥想象力和创新力

我们面对自己眼前所发生、要处理的事情时，为什么不保持像小孩子一样的心态呢？抛弃那些制约我们思考的固定模式，勇敢地想象，不顾一切地去创造。

我向来对异想天开、满脑子奇怪想法的小孩子心存佩服。按着我的想法，如果在这个世界上设立一个“最佳想象力奖”的话，恐怕我们这些自认为有着很多知识和学问的成年人，是没有办法与他们竞争的。因为，我们不可能像他们一样想出那些令人震惊的东西来。在他们面前，我真的感到自己想象力和创新力的贫乏。这是绝对的，你不能不承认。我就做过这样一个试验，分别找了十个正在上小学的孩子和十个工作上很优秀的成年人，做了像下面一样的测试：

在找到这些人之后，我首先给他们一些毫不相干的字词，让他们说出彼此之间的联系。这几个词分别是：狗，电灯、面包、铁路、大山。当我说出这些字词之后，这些人都思考起来。让我感到吃惊的是，这些成年人没有一个能很好地将这些东西联系在一起。然而，那几个上小学的孩子却很快地说出了答案。他们是用一个故事将这些毫不相干的词语联系在一起的。我记得最清楚的是一个名叫丹弗尔的小男孩，他是这样将几个毫不相干的词语联系起来的：天要亮的时候，屋外的狗在叫，于是我拉亮了电灯，起床之后吃了点面包，沿着铁路向大山的方向走去。

除了上面的问题，我又出了另外几个题目，其中包括时下最流行的“脑筋急转弯”以及一些匪夷所思的动手制作的游戏。值得提一下的是“脑筋急转弯”，在这一轮角逐之中，成年人所闹出的笑话不在少数。有的时候听起来简直是不可思议，例如，在当时有这样一个问题：杰克在过独木桥的时候，迎面过来了一只老虎，他怎么过去的？

“这是一只从小就在动物园饲养长大的老虎，不伤人。杰克

让老虎趴下来，跳过去的。”

“杰克退回去，等到老虎过桥之后，再过桥。”

这就是成年人的答案。而孩子们的答案，也是五花八门：

“是一个外号叫老虎的人。”

“晕过去的。”

从他们的答案之中我们便可以明显地感觉到孩子们那超乎寻常的想象力。然而，这一些，都并不怎么有意思，更有意思的是，我分别给他们一大一小两个瓶子，让他们将大瓶子装进小瓶子的时候。最后正确答案是在小孩子那边产生的。你知道他们是怎样将大瓶子装进小瓶子的呢？或许，你也难以想出一个切实可行的办法。其实，他们的做法很简单，便是将大瓶子打碎，然后将碎片一片一片地装进小瓶子里面。

当所有的测试结束之后。成年人一个个显得心有不甘，对我说道：“其实，我们都想到了这些。”

“那么，你们为什么不这样去做呢？”我反问道。

成年人面有难色地说道：“我们认为可能不允许那么去做。”

“不允许那么去做。”这正是我们想象力和创造力发挥的严重阻碍，也是局限我们事业成功的一种思维。那么，话又说回来，为什么孩子们却会那样去做呢？追究其本源，从我们自身便可以感觉得到，那些不允许我们去做的原因，在很大程度上是我们所受到的一些教育和知识的影响让我们养成了带有一定的观点去看待事情的模式。也就是这种模式桎梏了我们想象力和创造力的发挥，就像是一根沉重的锁链，紧紧地束缚了我们，让我们在遇到事情的时候，都会在那些模式之中看看能否找出一个切实有效的事例和我们所遇到的事情吻合。倘若有的话，便可以照搬用来解决问题。哪怕有更好的方法能够更简单、更有效地解决问题，也会弃而不用。因为，那种新的方法是前人没有用过的，他们害怕是不是会带来坏的影响，会不会导致事情的失败。在很大程度上，阻碍我们的想象力和创新力发挥的应该是一种依赖和害怕失败的心理。而小孩子则不然，因为，他们没有像成年人一样受过系统的学校教育（确切地说所受的影响较小），也没有过分地受到他人经验的影响。从某种程度上来说，他们是“无知”的。也就是这种无知，让他们的思维不受任何约束。同样，我们知道“无知”才会轻狂，才会敢于尝试。其实，在我们面对事情时，为什么不保持像小孩子一样的心态呢？抛弃固定模式，勇敢地想象，和创造？我想这样的话，我们可能会打破原有的界限，创造出许多“奇迹”的。

值得一提的是，在这儿，我并不是否认学校的教育和从他人的经验之中获取知识。因为，这些对于我们的想象和创造有一定的指导作用，会使得我们的创新是一种有效的、正确的创新。但是，我们在运用这些知识为我们服务的时候，需要掌握一个度，我们要相信知识的力量，但是千万不要“迷信”知识的力量。

表现卓越不凡的创新能力

创新也和河水在河道之中流淌一样，既要保证水在河道之中顺利流淌，又要带来新的能够有利于大众的方式，诸如，在水流湍急的地方建立一座水电站等。

所谓的创新，并不是一种打破原有的一切、天马行空任性而

为的方式。如果那样的话，创新便没有达到我们的目的，只能说是一种毁灭。就像是流水一样，只有顺着河道流淌才能够灌溉农田，给人们带来益处。倘若不按着河道流淌，非要冲出河道呢？那就是一种灾难！

真正的创新应该说是一种为了更好地解决所面临的问题，使得自己能够更加顺利地走向成功、实现自身的价值，使得自己从平凡走向卓越的方法和途径。我们常说创新改变世界，创新的道路就是成功的道路。创新决定了每一个组织的贡献，每一个人的成就。就像是牛顿的卓越发现以及17世纪英国科学黄金时代的到来为英国工业革命打下了基础，使英国成了当时的超级大国，比尔·盖茨因为一个把计算机放到每一个办公桌和家庭的想法，成了世界首富。也就是说：每一个渴望成功的人，要想实现自己的目标，都必须走创新之路。但是，并不是所有的创新都能够使人走向卓越，走向成功。那么，什么样的创新能够促使人们走向成功和卓越呢？

一是，切合实际。

二是，有深厚的知识为底蕴。

三是，要紧扣时代的节奏和脉搏。

四是，要能够给自己，更重要的是社会带来一定的益处。

倘若你的创新不能够符合上述四点最起码的要求的话，哪怕你的创新是无与伦比的，也只能算是一种无效的、不能够给你带来任何益处的创新，更甚至是你毁灭的因素。因此，在你想打破原有的东西的时候，一定要考虑到这些。萨姆·曲奇的事情可能会给你一个很好的启示。

“为什么我所做的一切都不被人们所接受和承认？”萨姆·曲奇拿出了一项关于新式冷藏机的设计草图和说明，坐在我对面不解地说道。

“是吗？”我一边说着，一边随手翻看起了那份资料。一时半会儿，我并不能够看出什么来，也不好说什么，便对他说：“如果你相信我，将这个留在这儿，我帮你找找，看看我有没有朋友对这方面感兴趣。”

萨姆·曲奇答应了。他的那份设计书和对冷藏机的改革方案，我并不能完全看明白，于是便找到了开机械厂的朋友亨特·瑞恩。

“他这样做的目的到底是什么？”看完了整份文件之后，亨特·瑞恩问我。

“难道不能够提高工作效率和产品质量吗？”我不解地问道。

亨特·瑞恩摇了摇头说：“我完全没有看到这一点，我所看到的是他只是将简单的事情复杂化。他这并不是一种创新，更不是发明。”

我连忙询问原因所在。直到亨特·瑞恩解释之后，我才知道，正如亨特·瑞恩所说的一样，萨姆·曲奇是将一件极其简单的事情变得复杂，没有任何的实际作用。完全是一种不切合实际的自我想象出来的东西。

不错，虽然萨姆·曲奇的这种行为也是一种创新，但是对我们又有什么实际的用处呢？那么，他的这种创新又有什么实际意义呢？虽然我们急需创新精神，也需要一种创新能力，但是，我们所需要的是能够有实际作用、有实际意义，能够比现在更好、更有效的一种改革方式。而不是一种自以为是、完全脱离实际的

自我想象的创新。因此，对于一个真正具有创新能力的人士来说，要想做到正确有效的创新一定要牢牢地记住上面说的那四点。

只有这样，你的创新才是真正有效的创新，才能够使得你不凡的创新能力表现出来，才能通过这条途径走向成功和卓越。

【延伸阅读】

时装女皇——卡布里埃·香奈儿

被誉为“艺术之都”的法国首都巴黎，恐怕是很多人梦想去的地方。因为，在那个充满了艺术气息的浪漫之都，一切都是那样的浪漫而又温馨。在那儿不仅有闻名世界的“埃菲尔铁塔”、“凯旋门”，更让人心动，甚至让天性爱美的女人为之痴狂的是——巴黎的时装。

是的，巴黎的时装不可能没有人不知道。不少人就为自己拥有一套真正的巴黎时装而感到无限的荣幸。因为，色彩斑斓的巴黎时装备受全球人的欢迎，引领着当今时装的新潮流，这就决定了能够穿上一套真正的巴黎时装不仅是身份的象征，更是一种时尚和品味的象征。看到今天色彩缤纷的巴黎时装，又有谁知道在20世纪初期，巴黎服装界给人们的却是一番死气沉沉的景象。即便是巴黎社交界的贵妇，所穿着的也不过是里三层、外三层，镶满花边与褶皱的服饰，一成不变地沿袭上个世纪的传统，弥漫着烦琐、陈腐的旧贵族气息。最终让法国的时装——巴黎的时装从这种宛如一潭死水的困境之中走出，使得巴黎成为引导时代潮流的便是后来被人们称为巴黎时装女皇的卡布里埃·香奈儿。

卡布里埃·香奈儿1883年8月19日出生在法国西南部的小镇索米尔。她的童年和少年时代是不幸的。父亲是一个小批发商，在她出生没有多久，便遗弃了她们母女俩。在她6岁时，母亲因病逝世。于是，她便被送到了当地教会所办的孤儿院，在那儿她一直待到16岁，因为耐不住孤儿院与世隔绝的孤苦生活，在一天夜里，勇敢地翻墙逃离了孤儿院，开始了独立、充满传奇色彩的一生。

逃离孤儿院的卡布里埃·香奈儿在1899年的春天来到了穆兰镇，为了生计，没有任何特长的她就在镇上当起歌手，给镇上的居民、当地驻军官兵唱些民歌。后来，她经人介绍才到一家缝纫用品商店当售货员。自小就能剪会裁的香奈儿，在缝纫用品店里可谓如鱼得水，有了用武之地。手边都是供缝纫用的各种用品，工作休息之余，卡布里埃·香奈儿常常会冒出一些小点子，大胆而又别出心裁地在自己的服装上搞出一些小革新，弄一点小花样。例如，在袖口镶上一道花边，把裙子上繁杂的褶皱减去几条……她的手就像是具有魔力一样，那些看起来死板的服装，经过这样一加工，便焕然一新，给了人们一种全新的感觉，让时装有了生命和活力。也就是因此，卡布里埃·香奈儿，这位穷姑娘成了小镇上妇女们竞相效仿的时髦女郎。也因此，她引起了小镇上人们的注意，特别是一个名叫艾蒂安·巴尔桑的富家子弟。爱神丘比特的神箭射中了她。在这期间，香奈儿经历了她的初恋。她的白马王子就是那个叫作艾蒂安·巴尔桑的富家子弟。

艾蒂安·巴尔桑对于卡布里埃·香奈儿来说，是一个至关重要的人物，虽然他们最终没有能够结合，但是，也就是他，把卡布里埃·香奈儿带到了巴黎，将卡布里埃·香奈儿推到了巴黎时

装的前沿阵地。

20世纪初，艾蒂安·巴尔桑和卡布里埃·香奈儿来到巴黎，并且在康蓬大街31号公寓里租了个小房间住下来。从此之后，卡布里埃·香奈儿在这儿度过了她一生之中的大部分时光，她的事业也在这条大街上发展。

初到巴黎的卡布里埃·香奈儿被这个繁华的大都市所吸引，对于所见到的一切，她感到那样的新奇。不过卡布里埃·香奈儿后来之所以能够成为巴黎时装的女皇，并非是偶然的，她不仅有着敢于突破常规的创新能力，同样也有着敏锐的眼光。在这个五光十色、拥挤繁华的大都市中，凭着女人爱美的天性，她发现了一片亟待开垦的“处女地”，那就是巴黎妇女们毫无时代感的着装穿戴。于是，她经常流连在街头，仔细地打量、琢磨过往行人的衣着。渐渐地，她对巴黎妇女的服饰有了一套自己独特的看法：认为她们的时装早就应该淘汰。她真的有些难以明白为什么都已经是20世纪了，巴黎妇女还要死守着上个世纪沿袭下来的服饰不放呢？清一色地穿着打着褶皱、裹着厚厚衬里的长裙……经过很长一段时间的细心观察，卡布里埃·香奈儿决定要改变现在这种局面，以不受束缚的想象力和独具慧眼的创新力去改变巴黎妇女的服饰，创建一个时装王国。

可惜的是，卡布里埃·香奈儿准备雄心勃勃地去开创自己的事业，却引来了艾蒂安·巴尔桑的不解。也就是因为这个，他们经常发生口角。虽然艾蒂安·巴尔桑的英国朋友亚瑟·卡佩尔从中做了不少调解工作，他们最后还是分手了。

与艾蒂安·巴尔桑情感的结束，使得卡布里埃·香奈儿这个从乡下来的女子在举目无亲的巴黎陷入了困境。然而，值得庆幸的是亚瑟·卡佩尔，也就是艾蒂安·巴尔桑的英国朋友，一个生性随和、不拘小节、家境富裕的异邦人，向她伸出了援助之手。在1912年，他出资帮助卡布里埃·香奈儿开了一家帽子店。虽然这只是一家帽子店，并不是服装店，可是，也就是这家帽子店的开张，让卡布里埃·香奈儿踏入了市场，巴黎的时装女皇便是从这家小帽子店走出来的。

卡布里埃·香奈儿确实是一位敢于突破常规，敢于创新，并且有着天才一般经商手段的女性。她以低价从豪华的拉菲特商店购买了一批过时的、滞销的女帽，然后把帽子上俗气的饰物统统拆掉，再加上适当的点缀，改制成线条简洁明快的新式帽子，重新赋予了这批帽子生命，它们透着新时代的气息，非常适应大众化的趋势。她不仅制造出了一种让巴黎的女性感到吃惊的帽子，还为前来光顾的人示范了一反常态的帽子戴法：把帽子前沿低低地压到眼角上……

就是通过这么一点小小的改变，卡布里埃·香奈儿创造了奇迹，使得这种帽子在极短的时间内销售一空，被当时的巴黎女性称为“香奈儿帽”。而她那种别致的帽子戴法，竟然成了当时的一种时尚。

“香奈儿帽”的成功，不仅使得卡布里埃·香奈儿摆脱了困境，让她很快地还清了所有的债务，也为她积累了大量的资金，更加增强了她进军巴黎时装界的信心。于是，她便毅然将帽子店改为时装店，并且自行设计，自行缝纫，投入到服装改革的事业之中。

奠定卡布里埃·香奈儿在巴黎服装界基础的，是一款“穷女郎”

女士衬衫的推出。她的那款“穷女郎”衬衫出现在巴黎女性面前的时候，引起了巨大的轰动，得到了她们的认可，很快便销售一空。说句实在话，像“穷女郎”这种款式的衬衫，拿到今天来说，完全没有什么特殊之处，我们在大街上随处可见，是一种再普通不过的衬衫。然而，在当时的巴黎，这种宽松舒适、线条简洁、没有翻上覆下的领饰、没有一道道袖口花边，也没有什么缀物、领口开得较低有些朦胧性感美的衬衫，和那种相对繁杂、缠裹盛行的老式服装相比，就像是初春的一股新风吹进了没有半点涟漪的巴黎时装界，给人一种耳目一新的感觉。

“穷女郎”的成功，让卡布里埃·香奈儿更添了信心。于是，她信心百倍地推出了一系列与巴黎妇女传统服饰大异其趣的服装。她主要是从款式、色彩与配套装饰品三个方面着手。

在款式上，她将女裙的尺寸尽量缩短，从原先的拖地长裙改成齐膝的“香奈儿露膝裙”，还有裙摆较大、制式相当于当今仍然流行的喇叭裙，纯海军蓝的套装，线条简洁流畅的紧身连衣裙，有宽大的女套衫，短短的风雨衣，还有阔条法兰绒运动服，漂亮实用的简式礼服等。

在色彩上，她也敢于推陈出新，抛弃了俗气的大红大绿，以优雅的黑色和明快的米色为基调。她认为，黑色玄妙，米色素雅，用这两种颜色面料加工成服装，最能体现女性美。当然，纯白和纯海军蓝，也是她爱用的色调。配套物品上，她将原来的女式手拿包变为女式挎包，创造了色彩与光泽都比真宝石纽扣价廉而好看的仿宝石纽扣，制造了时髦而浪漫的“大框架太阳镜”。

卡布里埃·香奈儿对巴黎服装的改变，无疑是一场巴黎女性着装的革命。她敢于打破常规的创新能力，为法国巴黎的时装界带来了一个美丽的春天。

然而，也就在卡布里埃·香奈儿事业一帆风顺的时候，1919年圣诞节期间，亚瑟·卡佩尔，她事业的支持人，在地中海海边公路上的一场车祸中丧生。这无疑对卡布里埃·香奈儿是一个巨大的打击。如果不是这次事故，他们俩或许会结成终身伴侣。也就是因为这件事情的影响，她直到死也没有结婚。

亚瑟·卡佩尔的去世，虽然让卡布里埃·香奈儿感到十分痛苦。可是，她并没有因此沉沦，而是化伤痛为力量，凭借着自己丰富的想象力，以及大胆的创新精神，更加勇敢地扬起事业的风帆。

成功了，卡布里埃·香奈儿终于成功了。从1919年起，“香奈儿服装店”的规模逐年扩大。她在康蓬大街接连买下5幢房子，建成了巴黎城最有名的时装店。香奈儿的服装风靡整个巴黎。随着“香奈儿风潮”不断地扩大，她的事业也在扩大。1922年，慧眼独具的她，买下“5号香水”的专利权，使得浓郁的芳香，令人陶醉的“5号香水”很快便走俏巴黎，畅销法国和欧美各国，成了全世界最著名的香水。后来，她又在此基础上亲自动手发明了“19号香水”。1924年，香奈儿创建了香奈儿香水公司。她从一个只有6名店员的小老板，变成了一位拥有4家服装公司、几家香水厂以及一家女装珠宝饰物店的大企业主了。

卡布里埃·香奈儿取得了事业上的成功之后，成了巴黎的名人。目光独特的她对巴黎的文化界和社交界产生了浓厚的兴趣。她建立了一座“模特儿之屋”，招募了许多来自巴黎中产阶级家庭的妙龄女郎，让这些女郎穿上她的最新款式的时装，在人群中

展示“香奈儿时装”的风采，为现代的时装表演开了先河。另外，她还创立了一家文化沙龙，汇集了巴黎文化界的名人雅士，对经常光顾沙龙的青年作家按月发放津贴，鼓励他们创作。她甚至出资对俄罗斯的芭蕾舞进行革新。她成了巴黎社交场合中最引人注目而又最活跃的一颗闪闪发光的星星。

卡布里埃·香奈儿，就是这个从乡下走出来的女性，正是因为具有丰富的想象力和创造力，敢于打破常规的束缚，敢于创新的能力，以全新的审美观一改巴黎服装界死气沉沉没有一点青春活力的局面，为巴黎、为法国，也为全世界的妇女们创造了时髦、潇洒和美，一扫数千年来旧的穿着习惯，塑造出20世纪妇女的新形象，开创了现代服装的新潮流。她不仅取得了自我的成功，为自己赢得了“巴黎时装皇后”的美称，也为有着无数的辉煌头衔的巴黎，添上了一个美丽的光环——“时装之都”。

“她几乎成了当代最独裁，然而也是最富有独创精神的企业家。”这便是当时法国著名的女作家吉罗对这个神奇女性的评价。

【阅读评语】

就像伟大的哲学家所说的那样，“人不可能两次踏进同一条河流”。现在，我们所生活的世界，每一天都在飞速地变化，快得让我们都来不及反应和接受。作为一个生活在现实之中的人，要想得以发展，就应该以最快的速度去适应社会的变化。然而，这只是这个社会对我们要求的某一个方面，要想使自己得到长足的发展和进步，不仅我们要跟上快节奏变化的社会，还要在思维观念上不断地变化，要勇于突破原有的观念，从他人观念的束缚之中走出来。因为，你要知道：这是一个不赞赏墨守成规的时代，所有的一切时时刻刻都在变幻。躺在固有思维模式和行为习惯之中的你，不寻求突破，始终只能是一只困在茧里的蛹，永远无法变成一只展翅飞翔的蛾！

【自测与游戏】

创新能力自测题

让你变得与众不同的不是别的什么，而是你所表现出来的与他人不一般的创新能力。一个人的创新能力对于一个人的成功作用巨大。特别是现在，更需要具有创新能力的人。因为，一个组织需要创新人才来领导变革的方向，许多全面质量管理方面的事例均是出自于勇于变革和创新的人。虽然从生理角度来说，我们每个人都有创新的潜力，但是，我们是否真正具有创新能力呢？又具有什么程度的创新能力呢？渴望成功，渴望成为他人羡慕的卓越人士的你，是否很想知道自己的创新能力到底怎样呢？下面的几个小问题，可以测测你到底具有什么程度的创新能力。

1. 你是否喜欢尝试用新的观点和新的方法解决问题——

A. 喜欢；

B. 不怎么确定；

C. 很少会这样去做。

2. 在你处理事情的时候，你是否将发现的现存设备的新用法搁在一边不考虑——

A. 从来不会；

B. 偶尔会；

C. 会的，我认为原来的东西较为可靠。

3. 你的朋友是否可以通过你而发现现存设备的新用法——

A. 经常这样：

B. 偶尔会出现这种情况；

C. 从不会出现这种情况。

4. 在你的朋友中，你是不是通常是第一个尝试用新的观点和新的方法去处理事情的人——

A 是的；

B. 在有的时候是这样；

C. 从来不会这样。

5. 你是否喜欢有更大挑战或者是自我空间的工作——

A. 是的，完全这样；

B. 有的时候很想这样；

C. 讨厌这样。

6. 你在工作当中，是否有和其他不同部门的人对同一事情发生探索式的讨论——

A. 经常会这样；

B. 很少这样去做；

C. 从来没有这样做过。

7. 在你的薪水之中，你是否会将一部分用于对新奇的想法和念头的实践——

A 时时有这样的念头并且这样做过；

B. 只是有这样的想法；

C 没有考虑过。

8. 在公司的晨会和例会上，你是否会提出一些与工作有关的新的想法和新的方式——

A. 经常性这样；

B. 偶尔会有这种举动；

C. 想都没有想过。

9. 对于正式的会议讨论，你——

A. 喜欢参加，并且会踊跃发言；

B. 无所谓；

C. 讨厌参加这样的会议。

10. 对于某件事情，朋友所提出的建议——

A. 借鉴式接受；

B. 偶尔会接受；

C 从来不会接受。

11. 你是否想尝试一些意义不明朗的工作——

A. 很想体验一下；

B. 有的时候会；

C. 没有过这样的想法。

12. 你认为，一个不接受组织例行公事的人是不是应该受到惩罚——

A. 应视具体的事情再做定论；

B. 应该给予惩罚；

C. 无须给予惩罚。

13. 对于刚刚开始一个新项目，你所希望了解更多的是——

A. 人工作的质量；

B. 工作数量。

C. 两项考虑；

14. 在工作中，你是否想找出新的更好的工作方式——

A. 一直是这样；

B. 有的时候会；

C. 从来没有，一直按部就班地工作。

15. 对于一项工作如果缺乏挑战性，你是否会激情猛减，并且有打算换另一种工作的念头——

A. 是这样的，很符合我的性格；

B. 不怎么确定；

C. 没有这种念头。

你是否已经回答完了上面所有的问题？在确保自己是如实地回答了上面的问题之后，可以告诉你的是：如果你选择的答案多数为 A 的话，说明你具有非凡的创新能力。而选择其他的话，就说明在这一方面还比较欠缺。为了能够实现自我的人生价值，使自己能够从平凡走向卓越，你应该加紧自己创新能力的修炼喔！

提升创新能力的几种益趣游戏

敢于突破常规，不拘泥于前人的思想和他人的经验，以一种动态的思维去思考问题，能够找出最简单、最有效的解决方法，有助于我们迅速成长，能够在最短的时间内从平凡走向卓越。爱因斯坦、诺贝尔等我们所熟悉的杰出人士，无一不是由他们身上那种勇于突破、敢于创新的力量所驱使的。可以说是，创新改变了世界，创新决定了一个人的成败。人类社会的文明和进步都是由创新所决定的。

我们的生活离不开创新，我们要想成功，更加不能总是在前人的路上徘徊，而应该走出一条自我发展之路。这一点，在现今的社会显得更加重要。在本章结束前，还是像前面一样，提供你几个较为有趣又能够提高这方面能力的游戏，希望对你有所帮助。

A. 答非所问

这是提升想象力的游戏，也是一个两人参与的游戏。在游戏开始的时候，两人相对而坐，由一方发问，例如，你叫什么名字？而对方却不能够如实回答，而是要说一些不相干的话语，如袁当娜要开演唱会了！直到被问者不小心回答正确为止。

值得提醒的是：在玩这个游戏的时候，问者和被问者回答的速度要快，不能够有太多的考虑时间。

B. 废话连篇

我想一些口才不错的朋友肯定对这个游戏很感兴趣。因为，这是一个充分地显示自己口才的好机会啊！但是，这并非像我所想的那样可以天马行空地胡说一通。这是一个游戏，就像是所有的游戏一样，都有一定的规则。这个游戏的规则就是：在开始废话之前，先由参与游戏的人讨论出一个只有开头、特定的人物而没有结局的故事，而后按顺序一人接着一人地将故事讲述下去，到谁那儿没有办法续下去谁就在这一轮中输了，要给以适当的惩罚。

提醒大家注意的是：这是一则锻炼超强想象力的游戏，要想使自己的想象力提高，在往下续故事的时候，越荒谬越好。

C. 胡乱联系

参与游戏者不限，但是为了达到预期的目的，尽量还是人数

越少越好。这则游戏与上面不同的是需要一定的道具，也就是一副扑克牌。在这些牌上你可以写上许许多多毫不相干、没有任何联系的动植物名称、人名等（注意每张牌上只能写一个）。然后，将牌洗动，按顺序发牌，然后按着扑克牌的大小出牌，当有一人将牌全部出完之后，手上剩下的牌最多的那位，就要受到惩罚：即将出去的牌重新洗动，按从上到下的顺序，要将那些写在牌上的东西联系起来。

注：此游戏也可以一个人单独玩。

D. 怀疑天使

这也是一个没有规定模式的游戏。游戏的玩法如下：随便从报纸或者杂志上找到一条新闻，然后，要求每一个人按自己的思维模式去重新阐述这件事情，加以分析，再说出不同的行为会带来什么样的结果。说不出来的便要独自一人面对墙壁罚站到下一个不能回答者产生为止。这样说起来有些难以理解，这里为大家试举一例：

如在报纸上看到这样一则新闻：某男子遇车祸，在送往医院的途中死亡。我们便可以推测：男子是怎么会遇上车祸的？为什么会在途中死亡？怎样才能减少车祸？怎样才能避免在抢救的路上受伤者死亡？

值得注意的是：这些讨论都应该是一种可以看得到、感觉得到的实在性的东西，不要泛泛而谈。

上面所说的游戏每一个都具有很强的针对性，在玩这些游戏的时候，我受益匪浅，自我感觉创新能力较之以前有所提高。想成为卓越人士的你，不妨试试看，或许同样对于你有所帮助呢！

第五章 善结人际关系网

——和谐的社交能力

美国著名企业家卡耐基先生曾指出：一个人事业的成功因素，只有15%是由他的专业技术决定的，另外的85%，则要靠人际关系。在这个人际关系复杂的社会，要想使自己成功就应该像蜘蛛一般善结人际关系网，才能够让自己顺利地走向卓越、走向成功！

用人格魅力得到他人的认同

打铁须得自身硬。加强自身道德品质的修炼，用自己的人格魅力去得到他人的认同，这便是建立自我人际网络的重中之重，也是拥有良好的社交能力的基础之一。

确实，在现实生活中，我们每一个人都知道，缔结一个有助于自我前途发展的人际关系网，对于自己未来的发展，就像是给自己事业和人生的“风筝”制造了一股极大的上升气流。可是，在现实生活中，人们的表现呢？虽然他们一直致力于去缔结有利于自我发展的关系网，可是，他们在很大的程度上，却难以真正地组织成他们所设想的网络。

为什么我们全身心地投入想和他人建立友谊的时候，他们却态度漠然，甚至报以冷眼热嘲？我想这是很多人，特别是一些极其渴望从平凡走向卓越辉煌的人心中不能理解的问题。很多前来我心理咨询诊所的人，便屡屡询问我类似的问题。其实，其中的原因很多。不过，我在回答他们问题的时候，对他们所说的是：“你们为什么不从自己的身上找找原因呢？”因为，我知道，他们之所以很难得到他人的认同，组成一个人际关系网络，在很大程度上是由他们自身造成的。这是一个叫亚斯·惠特曼的人告诉我的。

亚斯·惠特曼是我一位朋友的远房亲戚，现在的他已经是纽约市区一家很有名企业的中层管理人员，一个很出色的年轻人。看到今天春风满面、神采奕奕的他，你确实很难想象，他刚刚从乡下来到纽约是怎样一副落魄样子。至今我仍然记得我第一次见到这个年轻人是在我的那位朋友家里。那天，我的朋友恰好不在家。在我走进朋友客厅的时候，那个年轻人正坐在靠近窗户的沙发上看电视，对于我的进来，所做的反应只是朝我扫了一眼，淡淡地问了一句："你找谁？"然后就将目光紧紧地投在电视屏幕上。

我的眉头不由得皱了起来，心想这个冷漠的年轻人是谁啊，但是，因为我找这位朋友有一件要紧的事情，便说道："我是奥格·曼狄诺，我找泰勒有一点事情。"

"什么？你就是奥格·曼狄诺！"我没有想到在听了我的自我介绍之后，刚才那个冷淡的年轻人从沙发上蹦了起来，用一种怀疑的目光上上下下地打量了我一番，过了好半天，才像是有些不相信地问道："你真的是奥格·曼狄诺？"这个年轻人的这种反应，这种动作，是极其不礼貌的，让我感到异常反感。

"你认为奥格·曼狄诺应该是怎样的呢？"我尽量心平气和地反问道。

当这个年轻人确信了我就是奥格·曼狄诺之后，态度立刻来了一个 180 度的大转弯。其热情程度让人难以想象。不过，不知道到底是怎么回事，对于他的热情我却觉得有些反感。但是，为了等朋友回来，我保持着应有的礼貌，和他寒暄着。这是一个全身上下都存在着无数缺点和毛病的年轻人。在交谈的过程中，他的言语完全不着边际，时不时地在大声咳嗽。其言行的放肆程度令人难以忍受。时间在一分一秒地流逝，我要等的朋友泰勒仍然没有回来，我不愿意再等下去了。

“我先回去了，如果泰勒回来了，麻烦你告诉他一声，让他给我回一个电话。”我十分客气地对这个年轻人说道。

年轻人十分爽快地答应了。

我离开泰勒家都过去了好几天，泰勒也没有给我打来电话。因为我找泰勒确确实实有一件十分要紧的事情，真的有些着急了，于是，又一次来到了泰勒家。

这一次，泰勒恰好在家，正十分悠闲地在客厅的阳台上看报，那个年轻人依然在我第一次见到他的地方看着电视。

“咦！曼狄诺你怎么有时间上我这儿来，有什么事情吗？”泰勒对于我的突然到来显得十分诧异。

我看了看那个年轻人，心想难道他没有把话转告吗。也就在我正准备说什么的时候，那个年轻人这才好像想起了上次我托付他的事情，连忙走过来不好意思地向我道歉。说真的，在这个时候，道歉又有什么用呢？难道……我也没有责怪他，只是皱了皱眉头，和泰勒谈起了自己要跟他说的正经事。

对于这件事情，虽然在开始的时候我真的有些生气，但是后来想想，可能是他真的忘记了，也就原谅了他。然而，泰勒对我讲述的一些关于他的事情，使得这个年轻人在我的心里留下了一个极其不好的印象。因为事情太多，我就随便说一说。在这个年轻人刚刚来这儿的时候，有一次泰勒因为有急事要出去几天，而恰好在这几天要交水电费。于是，他便给这个年轻人留下了一笔足够的钱，让他到时候帮着交上水电费，免得被停水停电。然而，当泰勒回家后，让他没有想到的是水也停了，电也停了。他十分诧异地询问年轻人什么原因。年轻人告诉他，他把那些钱花了一点，不够交电费。在听到那句话之后，泰勒差一点气疯了。“既然他这样，你完全可以让他离开你们家！”我半开玩笑地说道。

泰勒苦笑着，摇了摇头，说：“是的，我确实有这样的想法。可是，如果我真的让他离开这儿，他怎么生活，难道让他流浪街头吗？”

“难道他就不知道去找工作？”我说道。

“找工作？算了吧！没有任何一份工作他会干上一个月的，在一个月的时间里，他肯定会被辞退！我已经帮他介绍了若干份工作，弄得我自己现在都……”泰勒自己都不知道该怎样说下去了。

确实，仔细地想了想上次的那件事情以及泰勒给我说的一些事，我真的难以找出一个合适的理由，让自己认为那个年轻人能够获得一个很好的发展机会，能够有一个实现自我的人生价值的途径。因为，他所做的一切给人留下的印象是极差的，他的表现无法让自己被别人所接受，怎么能够受到他人的欢迎呢？在现在这个社会，不要说为使自己的事业成功要有一个助自己成功的关系网络，就连寻找一份合适的工作，也要奠定自我的人际关系网络。然而，如何使自己深受他人的欢迎，建立起有助于自我发展的人际关系网络呢？加强自身道德品质的修炼，用自己的人格魅力去得到他人的认同，这便是建立自我人际网络的重中之重，也是拥有良好的社交能力的基础之一。

我笑着对泰勒说：“如果你相信我的话，让我和他好好地谈

一次，我想他会有所改变的！”

泰勒同意了。

于是，在一个合适的机会我与这个年轻人推心置腹地交谈了一次，我十分委婉地告诉他身上的一些妨碍发展的毛病，要求他改掉这些毛病，养成一些好的行为习惯，好的品质，通过自身的人格魅力去影响他人，得到他人的认同，从而奠定人生发展的关系网，促使自己有一个更好的发展。

这个年轻人并不是真正的浑身劣迹的年轻人，只是一个寻求上进，而没有认识到自身缺陷的年轻人。我的那些话语点醒了他，他真的改变了，并且进了现在工作的公司，获得了很好的发展机遇。因为，从那以后，如果你对他说：“嘿！亚斯·惠特曼，你能帮我买一份汉堡吗？”只要他答应了，你便不用担心汉堡会不翼而飞。他会在最短的时间让你吃上最美味的汉堡，因为，他答应过你。

亚斯·惠特曼用自己的人格魅力征服了所有与他接触的人。人们在再说起他的时候，无不竖起大拇指，称赞道：“亚斯·惠特曼，真棒！”

在交往之中要以诚相待

在现实生活中，当我们与人第一次见面的时候，几乎都会恭敬地递给对方一张印有自己公司名称、自己名字和头衔的名片，希望对方能够记住自己，并且缔结一定的关系网络。然而，真正能够让对方记住的是你的真诚，那才是真正属于你自己的社交名片。

人与人相交，要想真的缔结一张有助于自己未来的人际关系网，便必须与对方真诚相待。否则的话，即使你织成了一张像是蜘蛛网一样的人际关系网络，你所缔结的网络对你也没有任何帮助。因为，你编织的网是不牢固的，一阵风便会将它吹破。造成这种状况的是你在与人交往的时候，缺少叫作真诚的强力黏合剂。

真诚不仅是你所组建的人际关系网的强力黏合剂，更是打开人际社交网的名片。可以说，在与人交往的时候，缺少真诚，你是不可能被他人接受的，更不可能组建良好的人际关系网。发生在苏珊·葛菲身上的事情便能告诉我们，在与人交往的时候真诚是何等重要。

苏珊·葛菲这两天的心情非常好，因为，前几天老总亲自找她谈过一次话，她所在部门的主管要调到别的地方去开展工作，提升她为该部门的主管。这样的事能不让她高兴吗？然而，当公司的任免名单公布之后，新部长并不是她，而是她同一个部门的苏雅·雅莉。苏珊·葛菲感到了奇怪，便找到了说要提拔她的老总，问为什么。

老总笑着告诉她，确实，在开始的时候，打算让苏珊·葛菲做该部门的新部长。论工作能力也应该是她。可是，后来从该部门的员工那儿了解到如果让苏雅·雅莉做新部长的话会更好一点。

“难道说她的工作能力比我强吗？”苏珊·葛菲不服气地问道。

“不，你的工作能力要比她强！”老总十分肯定地回答。

“那么，你为什么提拔她，而不提拔我？”苏珊·葛菲十分

不服气地问道。

“因为她和同事之间的关系要比你好！让她做新部长有利于开展工作。”

“难道我和同事之间的关系就比她差吗？”

“是的，表面上看起来，你和同事之间的关系也不错。可是事实上呢？”老总犹豫了片刻，好像是在想该不该将下面的话说出来，但是，他最终还是说了出来，“你和他们之间的关系表面上看起来融洽，其实，那是一种表面现象。你不要以为我说的是假话，我是通过多方才了解到的。”

苏珊·葛菲愣了，说真的她难以相信老总的话，因为，她自己觉得在平时很注意和同事交往，并没有在什么地方得罪他们，他们为什么会不支持自己，而支持苏雅·雅莉呢？

“真诚，你所缺乏的便是真诚。虽然你在与同事相处的时候，十分注意，尽量地不去得罪他们，尽挑一些他们听着高兴的话说，所有的事情都是好，而没有不好的，这让他们感到你并不是实心实意地对待他们。”老板一语击中了苏珊·葛菲的弊端之所在。

苏珊·葛菲仔细地想了想老总所说的话，确实也是如此，她再也没有任何的话可说了，带着一丝丝遗憾、一点点悔意走出了老总办公室。

确实，在人际交往之中要以诚相待，只有当你真心地去对待他人的时候，对方才能够真心实意地待你，才能在你需要帮助的时候帮助你。在现实社会中，你千万不要认为你刻意地去避免得罪他人，说别人喜欢听的话，就能够得到对方的友谊，能够缔结有助于自己发展的人际关系网。因为，在人与人的交往之中，你是需要以真诚对待对方的，应该时时刻刻抱着一种为对方好的心态。一味地说别人喜欢听的话，少了点真诚，也就是少了那份希望他人进步的真挚之心。你所能取得的只是一种表面看起来很好、很协调的关系。我想你一定知道这种关系属于怎样的一种“关系”。

这正是我们在日常的人际交往之中常犯的错误，也是制约我们社交能力的发挥、组建有利于我们通往成功的人际关系网最大的障碍。难道你没有看到在现实生活之中，有很多人在有人询问他的意见，或者和他谈及任何一件事情的时候，从他们嘴里面说出来的都是“好”、“不错”、“挺好”等模棱两可的话吗？在我读书的时候，我们班上就有这样一位同学，虽然表面上我们和他的关系不错，而在我们的心里面，却都有这样一个念头，想问他：“好，到底什么好？难道就没有不好的吗？”

虽然我们一直在说与人交往的时候，尽量要为对方留有余地。虽然，我们也知道人都是喜欢听好话的。然而，你也应该知道“物极必反”这一道理。你应该知道要想真正得到他人的认同，建立牢不可破的关系，无论在什么时候都要以诚相待。即使当时对方可能不怎么理解，而心中有所不快，但事后他明白了你是出于真心，真诚地希望对方好，他一定会原谅你的，并且会将你当成真正的朋友。因为，你够真诚。

在这儿，我不由得想到了在现实生活中，当我们与人第一次见面的时候，几乎都有这样一种动作，恭敬地递给对方一张名片，希望对方能够记住自己，并且缔结一定的关系网络。但是，那张

名片真的能够取得我们所想要的效果吗？因为，真正能够让对方记住的是你的真诚。“真诚”不就像是一张打开人际关系网的名片吗？我们为何不将这张“名片”制作得更为精美呢？

结交有利于自己发展的人

结交有利于自己事业发展的朋友，就像是为自己人生、事业的风筝能够飞得更高更远制造了一场强劲的风。

虽然在当代需要合作，需要广结人际关系网，才能使自己更加容易地实现自我的人生目标，从平凡走向卓越、走向成功。那么，是不是和所有与你相交的人都缔结一种牢不可破的关系网就够了呢？其实不然，就像是我们去观看任何一个物体，从不同的角度去看会看到不同的形状。例如，一只水杯，从上往下看是圆的，而平时呢？我们觉得它是长方形的。就像是我们在现实生活中所看到的任何一种事物一样，任何事情都具有多面性，发挥自身的社交能力、广结人际关系网同样对我们自身有多方面的影响。一般来说，人际关系网对我们的发展的主要影响有三种：第一种是促进；第二种是阻碍；第三种是无关。由于在与人交往、缔结关系网的时候有这样三种影响产生，在与人交往接触的时候，我们便应该有所选择，尽量地去选择第一种人交往，建立良好的关系。说得现实一点，就是多和有利于自己发展的人交朋友，只有这样才能使你更加容易获取事业上的成功。如果你真的想使自己成功，变得卓越不凡，就要时时刻刻记住：多与有利于自己发展的人交往，并缔结牢不可破的友谊。

如果你在纽约的任何一条街道上遇到弗雷德·缪赛，你不会认为这个其貌不扬、看起来有些猥琐的中年男子，会是一家跨国大公司某部门的总经理，年薪高达数百万的富翁。因为仅仅从外表上看，他太普通了，普通得你都会忽略他的存在。确实，他在专业技能和业务能力方面也是表现平平，没有任何过人之处，他最大的资本便是他有一帮很不错、能够帮助他的朋友。他之所以能获得今天这样的成就，其中很大的原因便在于此。我是在朋友的一次酒会上和这个中年人认识的。在后来我与他聊天，谈起这些事情的时候，对去结识有利于自己发展的人，并且和他建立起良好的友谊，他是这样说的："我之所以能够有今天这样的成绩，说句实在话，都是我的那些朋友所给予我的。我不仅从他们的身上学到了很多我自己所欠缺的东西，他们也会提供我许多有用的信息，最重要的是当我对一件事情拿不定主意的时候，他们还会提供我许多值得参考的意见……"

确实，就像是弗雷德·缪赛所说的一样，结交有利于自己事业发展的朋友，就像是为自己人生、事业的风筝能够飞得更高更远制造了一场强劲的风。问题在这个时候又出来了，那么在与人交往的时候，怎样去判别对方是不是有利于自己发展呢？其实这也是一个十分简单的问题，弗雷德·缪赛的话语之中已经告诉了我们。一是比自己强的人，像这样的人，我们能够学到很多我们本来所不具有的知识和技能，促使我们在学识和能力上有所提高。二是同行业之中消息灵通的人，他们会给我们带来许多有价值的信息，能让我们准确地发现和把握转瞬即逝的机遇。三是对待朋友真诚的人，和这种人交朋友，他们把友谊当成一种责任，会热

心地帮助你，不仅在你遇到难题的时候会提供你一些出自真心的建议，还会对你身上所表现出来的不良的行为和习惯加以批评，使你在人格上更趋于完整。

选择性地与人交往，多多结交有利于自己发展的人，用自己的真诚和“漂亮”的社交能力为你走向成功、迈向卓越创造有利条件。那些前来我心理咨询诊所的人，在询问我如何才能与他人正确地交往，选择朋友的时候，我都会向他们讲讲弗雷德·缪赛的故事。我希望他们能够从中体会到一点什么，同样我也希望翻阅本书的亲爱的读者朋友们能从中得到一点启示，这就是我将这个故事写进本书的目的。

以欣赏的眼光去看待他人

在这个急需要合作的科技信息时代，我们为什么不暂时放弃那桎梏我们与人交往的阻碍，而用一种欣赏和发现的眼光去看待身边与你接触的每一个人呢？

确实，在现实生活中，我们每一个人都知道缔结人际关系网的重要。我们也热切地希望自己能够融入社会，能够与人和谐地交往。从人本身所具有的属性来说，人既属于单独存在的个体，又具有社会的属性。伟大的心理学家马斯洛列举了人的五种需要，其中人有得到他人认同的需要。这就决定了人是需要与他人交往的。这仅仅是从人生理和心理上一种最本质的需要说起的。这是一种最本质的、最基础的本能反应。在这儿，我并不做深层次的探询。我之所以在这儿不停地重复这些话，重申这种观点，是因为一位叫卡博·约翰逊的年轻人所启发的。

“说句心里话，我真的想和任何一个与我有接触的人结交，并且和他们建立一定的友谊。然而，为什么我总是找不到与自己兴趣相投，并且……”那天，当我正坐在办公室里看弗洛伊德的《梦的解析》的时候，卡博·约翰逊走了进来，十分痛苦地向我说出了心中的苦恼。

在看到这个年轻人的时候，我的第一感觉便是在这个年轻人的身上肯定发生了什么事情，否则的话，他是不会这么忧伤地说出这样的话的。我放下了手中的书本，礼貌地微微一笑，问道：“为什么你会有这样的认识呢？”

确实，在卡博·约翰逊的身上发生了一件事情，也是我们的日常生活之中最为常见的事情。卡博·约翰逊是一家外贸公司的职员，也是一个喜欢与人交往的年轻人。在他刚刚进这家公司的时候，因为他的性格较为随和，很容易与人相交，深得公司同事们的好评。他也在这段时间内和其中的几个同事建立了良好的私人友谊。这些同事的名字分别叫作迈克、亨利、约翰。不可否认的是，在刚刚开始的时候，他们之间的关系很好。然而随着时间的推移，卡博·约翰逊渐渐地发现，在他们的身上都不同程度地存在着一些他所看不惯的毛病。例如，迈克喜欢说大话，亨利喜欢命令他人，约翰喜欢占小便宜。于是，卡博·约翰逊便感到有些苦恼，并且渐渐地和他们之间产生了一定的距离。更为严重的是，就在他到我这儿的前天晚上，他们发生了激烈的争执……

卡博·约翰逊讲述完了他的事情，十分痛苦地问我：“为什么我就不能找到一个真正谈得来的朋友呢？”

“那么，你认为什么样的人才能算得上是你真正的朋友？”我反问道。

“正直、真诚……”卡博·约翰逊说了许多条件。

他的话让我听得直皱眉头，在他将话说完之后，我便对他说：“如果这样的话，我建议你不妨到月球，或者火星上去看看，或许在那儿你能够找到你心中的朋友！”

卡博·约翰逊一愣，睁大一双不解的眼睛看着我。

像卡博·约翰逊这样的问题，在现实生活中我们与他人交往时都不同程度地存在。是一个普遍存在的问题，它严重地阻碍了我们社交能力的发挥，在无形之中束缚了我们社交圈子的扩大。这也是阻碍我们顺利通往成功的一块绊脚石，很多人虽然非常有才能，但是不能将才能发挥出来，原因实现他的价值，也就在于此。

我不知道该怎样让卡博·约翰逊抛弃这种桎梏他发展的错误观念，想着该用什么方式让他明白：需要采用一种什么样的观点去看待身边的每一个人。就在我苦思冥想的时候，我看到早上秘书插在花瓶中的一束鲜花，那是一束枝上生满了刺的玫瑰。于是，我便小心地将那束玫瑰取了出来，对他说：“你认为这花漂亮吗？”

“漂亮，这确实是一束非常美丽的花！”卡博·约翰逊犹豫了片刻后说道。

“这些枝茎上的刺呢？”我继续问道。

卡博·约翰逊没有回答，满眼疑惑地看着我。

“你认为这些刺影响了花的美丽和漂亮吗？”

他摇了摇头。

“既然你知道枝茎上的刺并不影响花儿的整体美丽，为什么在与人交往的时候，你不去看美丽的花瓣，而去看刺呢？你明白我所要说的意思吗？”在将花重新插回花瓶之后，我说道。

他仍是一脸困惑地看着我。

“你为什么在与人交往的时候，不用欣赏花一样的眼光去看待与你交往的每一个人？你应该知道，世界上没有任何一个人是完美的，在他们的身上都或多或少地有一些缺点，包括你我在内。就像是你说的，约翰他们身上难道就没有好的一方面吗？你为什么非要将目光盯在‘刺’上，而看不到‘花瓣’的美丽呢！”

卡博·约翰逊走了，我想他大概理解了我所说的意思吧！

是的，正如卡博·约翰逊一样，我们在生活之中，在与人交往中，总会无形地犯类似的错误。这一切都是我们身上所具有的自私的潜意识在作怪，使得我们总是以自我为中心去看待身边的人，以至于我们发觉很难找到志同道合的知音。在这个急需要合作双赢的科技信息时代，我们为什么不暂时放弃那桎梏我们与人交往的意识障碍，而用一种欣赏和发现的眼光去看待身边的每一位，你所接触的每一个人呢？“不是世界缺少美，而是我们缺少一双发现美的眼睛。”用一双欣赏的眼睛去面对身边的每一个人，你便会看到我们身处一个美丽的大花园中，可以采摘到许许多多美丽的“花朵”——结交许许多多的朋友，缔结成一个和谐的、又有助于你发展的人际关系网。

记住和你交往的每个人的名字

记住每一位与你交往的人的名字，是一个人拥有最佳社交能力的表现，也最容易使你缔结成一个有助于你事业发展的人际关系网，构建一座使你顺利通向事业成功的无形资源宝库。

随着社会文明的不断进步，科技的不断发展，生活节奏变得越来越快，我们也越来越感觉到与他人合作的重要，也深刻地认识到了人际关系网对于自己走向成功、从平凡走向卓越有着极大的推动作用。我们也看到现代人已经从封闭的空间走出来，让自己融入到社会之中；每一个人都在为了自己的明天、为了将来而忙于应酬。但是，如果从那繁忙的交际和应酬之中走出来，自己一个人想一想，我们的交际和应酬是否真的有效，真的能够有助于我们事业的发展呢？

确实，冷静下来想一想，我们恍然间觉得我们的应酬和交际，在很多时候是在做无用功。虽然有多个朋友多条路的说法，但有些人见面和交谈的时候，热情得就像是多年没有见面的老朋友，而事后呢？你又是否记得起来，那些曾经与你交谈甚欢的人到底叫什么名字，他们又是从事什么工作的呢？说得实际一点，在与人交往的时候，我们大部分是带有一定的目的去的，那些你所想交往的人，大部分也是你认为有助于你将来发展的人。不要否认这一点，也没有必要去完全否认这一点。

“记住每一位与你交往的人的名字，你便能够获得成功！”一位现在很有名的成功人士，在告诉年轻人怎样获得成功的时候，是这样说的。不可否认，“记住每一位与你交往的人的名字”，确实是一个人拥有最佳的社交能力的表现。保持这样的心态，也很容易构建一座有助于你事业成功的资源宝库。你是不是不相信？让我们看看新迪·麦克是怎样从一个普普通通的酒店服务生，一举成为所在酒店的总经理的，从中可以看出，记住每一位与你交往的人是何其重要。

新迪·麦克是在三年前进入现在这家酒店的，在刚刚开始的时候，他只是一个普通的服务生。然而，这是一个有心的人，他不仅给前来的客户予以最热情的服务，而且，他能记住他所亲手接待的客户的姓名，尽量了解他们的一些资料。也就是因为如此，他在客户的心中留下了很好的印象。甚至有的客户不能够确切地记住这家酒店的名字，却能十分清晰地记得一个叫新迪·麦克的服务生。

很多同事并不了解新迪·麦克为什么要这样去做。因为，在他们的思想观念里，新迪·麦克的这种做法是完全多余的，没有任何的意义，作为一个服务生只要给客户提供酒店相关的服务便够了。但是，谁也没有想到，也就是新迪·麦克的这种态度使得酒店渡过了难关，让酒店的董事长发现了他，并且提升他为酒店的总经理。

事情的真正经过是这样的。有一次，当有人在酒店里进餐回去后意外地死亡了，被判定为食物中毒，而这位死者最后进食的地方就是新迪·麦克所工作的这家酒店。于是，这掀起了轩然大波，使得原本高朋满座的酒店变得门可罗雀。而又因为这个原因，政府的一些有关部门三天两头来调查。面对这种局面，酒店最好

的办法就是关门大吉。公司的董事长也确实有了这样的念头，也就是在他准备关闭这家酒店的时候，新迪·麦克站了出来，让董事长给他一段时间，说他会处理好这件事情的。因为，他不相信那个人的死会跟酒店有关。即使有关他也想试一试，看看能否有办法改变酒店的命运。董事长同意了。

新迪·麦克并不是一个只有着一股子热血和冲动的年轻人，他知道应该怎样去处理这个问题，在这个时候，我们可以看到平日里他认真而又细致地对待每一个客户，并且能够记住名字和他们职业的工夫没有白费。他按着自己的记忆，首先联系了一位经常光顾这儿的生物化学家，询问有关食物中毒方面的事情，当他确认了那个人的死因并非是因为在酒店里面吃了不洁的食物之后，又联系了一位经常光顾这家酒店的知名的媒体记者，告诉他那位死者并非是进食了酒店食物而导致死亡的。当那位记者在媒体上发表了关于那个死者的几点疑问，在社会上制造了一定的舆论声势后，当局又重新重视起这件事来，对那件事情又仔细地调查了一次。最后，得出的结论与新迪·麦克所推论的相同。

酒店脱离了困境，又走上了正轨。当然，在这件意外的事件之中，新迪·麦克身上的特殊才能被发现了，成了这家酒店新的总经理。

新迪·麦克的故事是我的一个朋友告诉我的，而这位朋友正是新迪·麦克所询问的那个媒体记者。在他向我讲述完这件事情之后，我不免有些好奇地问他：

“在你接到他电话的时候，是什么促使你决定帮助他？”

我的这位朋友微微一笑：“我也说不大清楚，或许是因为他在我的心中留下了一个极好的印象吧！又或许是他能够一下叫出我的名字……真的，我真的难以说清楚为什么，只是在他一下叫出我的名字的时候，我就有一种非常奇怪的感觉，我觉得在他心目中我有一定的地位！”

朋友的话从另一个角度向我们证明了：自己的名字被人记住，并且是被一个并没有深交的人记住，人们的心中便会有一种自傲和荣誉感。这也就是马斯洛所说的人类的五种需要之中被他人认同的需要。在这种意识下，如果是你，难道你不会对对方心生几分好感吗？另外，值得大家注意的是：在现今复杂而又流动的社会之中，记住每一个与你交往的人的名字，了解对方的一些基本信息，不仅能让你表现出对他人的尊重，更重要的是你掌握了一个无形的可供挖掘的“财富资源库”。在这个世界，变幻莫测的世界，谁能够知道下一秒会有什么事情发生呢？或许，在上一秒你所认识的那个人看起来好像对你没有任何益处，而下一秒呢？恐怕正是你所要寻找的“希望之光”。

记住与你交往的每一个人的名字吧！亲爱的读者朋友们，为自己的发展建造一座人际与人脉的无形资源宝库。

寻求达到同一目的“组合”

“不是朋友就是敌人！”这完全是一种走向两种极端的社交方式，也是我们事业发展的严重障碍，完全是一种自我设置限制的生活状态。一个真正卓越、真正成功的人士绝对是不会采取这种社交方式的。

人的包容性和攻击性同在。这是由人身上所具有的独特属性——作为个体的特性和作为社会构成分子的社会属性所决定的。也就是这两种不同的属性的存在，使得人成了一个矛盾的混合体，一方面希望自己能够十分融洽地融入社会群体之中，另一方面对他人存有一种潜意识的敌对情绪和排斥心理。这些症状在我们日常的生活之中经常能够见到，特别是在人际交往之中表现得更为突出。难道你没有感觉到有的人对他人所持有的是这样的一种态度吗：“不是朋友，就是敌人！”

“不是朋友就是敌人！”这完全是一种走向极端的社交方式，在卓越和成功人士的观念里，没有永远的朋友，也没有永远的敌人，而是采取一种发展的、相应变化的态度去与人交往，朋友有时候能够变成敌人，而敌人在特定的环境之中可以转换成朋友。说得实际一点，他们所建立的关系是一种“合作”关系，是为了达到一个目的所组建的暂时的“组合”。这可以说是对人本身所具有的独特属性的调和，也是适应社会发展的需要。

特里·费伦可以说是一个爱憎分明、具有强烈好恶观念的年轻人，被他的朋友戏称为“纽约市的罗宾汉”。虽然他的这种豪侠任性的性格，让他拥有了一帮非常不错的朋友，但是，也因为他太过于有原则，而使得自己并没有获得很好的发展。其原因，就是他在人际交往上出现了一点点问题：不能够根据当时的情况，而改变对他人的态度，调节彼此之间的关系。在这里，我向亲爱的读者朋友们转述一下他对我讲的一件事吧！

特里·费伦所开的一家化妆品公司开发出了一种新的女士化妆品，虽然新产品上市之后，得到了大家的认可，可是，不管他怎样努力，当销售业绩达到一定量之后，便不能够突破。为此，他深深地感到苦恼。然而，就在这个时候，他原来认识并且有一次因球场矛盾而耿耿于怀的大学同学杰伊·伯莱姆，主动找到了他，认为新产品极有市场，要求一同开发这个产品的市场。对于特里·费伦来说，如果他答应与杰伊·伯莱姆合作，便会使自己的业绩成倍地增长，也会为他带来可观的经济效益。因为，他从其他一些同学的口中知道，现在的杰伊·伯莱姆是一个非常成功的经纪人。然而，因为特里·费伦不能够忘记以前的事情，虽然知道杰伊·伯莱姆来找他是出于好意，但是，他还是没等对方将话说完，使坚决地拒绝了，并且非常不客气地让杰伊·伯莱姆走出自己的办公室。

特里·费伦虽然拒绝了杰伊·伯莱姆，但是随着销售业绩一天一天地下滑，他感到有些着急了，有些后悔自己当时不该拒绝杰伊·伯莱姆。虽然他在这个时候很想寻找杰伊·伯莱姆合作，一改以前的那种关系，却又有所犹豫。于是，他便带着这一疑问走进了我的心理咨询诊所。

听完他的事后，我没有过多地说什么，只是告诉他，在这个世界上没有永远的朋友，也没有永远的敌人。有的习惯在一定条件下可以转变，在与人交往中，千万不要存有先入为主的观念，将对方划分成几个简单的类型。你始终要用一种平和与发展的眼光去面对你所交往的每一个人，你寻求的是一种为了达到同一目的的“组合”，你应该记住的是：对方是不是能够有助于自己成功。因为，你们之间并没有什么真正的冲突和仇恨，为什么与“利益”，与自己的目标过不去呢？

任何的事情没有绝对的，所谓的绝对只能存在于一个特定的时间和空间内，随着时间和空间的转变所谓的绝对便会有所变化。我想每一个人都清楚地知道爱因斯坦的“相对论”。我们也应该知道世界每一时刻都在变化，任何的事物都不能够用一种特定的框架去桎梏它。我们在与人交往的时候也应该用一种变化的态度和观点。我们应该始终记住：在这个世界上没有永远的朋友，也没有永远的敌人。要牢牢地记住，我们之所以与他人交往的最终极目的便是为了自己和共同目标的实现。

【延伸阅读】

美国房地产界“浪子”——唐纳德·特朗普

倘若要让人们评论谁是美国现今商业的宠儿，恐怕大多数想起的就是出生于建筑承包商家庭，在曼哈顿经过短短十几年奋斗，一举成为世人皆知的房地产业大富豪的唐纳德·特朗普，被人们戏称为“浪子”、极具有戏剧色彩的天才社交家。他之所以能够在短时间内取得如此辉煌的成绩，实现自我的人生价值，在很大程度上是由于他身上所具有的良好社交能力，建立了就像蜘蛛网一样的人际关系网络。

1969 年，唐纳德·特朗普在霍顿金融学校取得了商业学士学位之后，便希望在纽约的首富区曼哈顿寻求自我的发展机遇。然而，对于一个刚刚走出校门的毛头小伙子来说，是没有任何资金让他能够在被人们称为冒险家乐园的曼哈顿打拼出一片属于自我的天地的。虽然在那个时候，身为建筑承包商的父亲事业干得不错，但是，他并不愿意将大笔的钱给喜欢冒险的孩子作为本钱。这样一来，唐纳德·特朗普只能采取一种折中的方式，一面帮助父亲经营布鲁克林建筑上的生意，一面为自己能够到曼哈顿去闯荡积累资金。

三年之后，当唐纳德·特朗普手头上积蓄了近20万美元资金的时候，便毅然走进了曼哈顿，并且租住了一套公寓房间。虽然这间简陋的公寓远远比不上15年后他的唐纳德·特朗普大厦的最高层，但是，他那个时候的兴奋程度是无法用言语形容的。因为，他终于如愿以偿地在大都市曼哈顿拥有了一席之地。但是，他能够在这个向往已久的地方待上多久呢？会不会像一个囊中羞涩的过客一般，被这个竞争残酷的都市驱逐出境呢？

当然，唐纳德·特朗普并不愿意作为这个城市的过客，他要像所有生活在这个城市的上流社会的人一样过着悠闲富足的生活，甚至比他们还要好。他是绝对对自己有信心的。因为，就是这次搬迁，让他对曼哈顿有了更深层次的了解，他敏锐地感觉到要想在曼哈顿站住脚跟，并得以发展，就必须关注房地产业。于是，这位精力充沛、充满了野心的年轻人开始了走向自己人生目标、实现卓越的计划。

通过自身优越的社交能力，缔结成就人生伟业的人际关系网，是唐纳德·特朗普所做的第一件事情。通过对曼哈顿上流社会、事业有成人士的细心观察，他发现几乎大部分曼哈顿事业有成的人士都是一家叫“LE俱乐部”机构的会员。于是，他便拨通了俱乐部的电话，向对方表明自己想加入俱乐部的意图。谁料到竟然受到了对方的嘲笑。因为，这是一家具有一定身份的人才能够

加入的俱乐部，谁会在意当时那个叫唐纳德·特朗普的毛头小伙子呢？

他人的拒绝，并没有让唐纳德·特朗普就此打消加入“LE 俱乐部”的念头。因为，他意识到自己要想在曼哈顿获得成功，和这些人建立良好的关系网是势在必行的。在第二天，他又一次拨通了那家俱乐部的电话，问对方是否能够提供一份会员的名单，他说他可能认识其中的一位。当然，他的这一要求被对方婉言拒绝。

在第三天，唐纳德·特朗普仍然打了电话，直接要找该俱乐部的董事长。那个接电话的家伙感到唐纳德·特朗普三番五次地打电话来，还以为他有什么来头，便告诉了唐纳德·特朗普董事长的姓名和号码。于是，唐纳德·特朗普随即给董事长打了一个电话，开门见山地要求加入俱乐部。董事长被唐纳德·特朗普的口才和理由所折服，主动要求唐纳德·特朗普第二天晚上前往俱乐部见见面。

这一次见面，让唐纳德·特朗普顺利地加入了只吸收具有一定身份的“LE 俱乐部”，也为他以后的事业亮起了不灭的绿灯。

果然，正如唐纳德·特朗普事先预料的一样，在“LE 俱乐部”他认识了许多在事业上非常成功、非常富有的人。为了能够为自己未来的事业打下坚实的人际关系基础，他经常在俱乐部玩到深夜，去结识那些他要与之做生意的人，还结识了一些大富豪，特别是欧洲人和南美人。

“LE 俱乐部”的加入，为唐纳德·特朗普成就自我的事业、实现自我的人生目标，铺就了一条平坦之路，为唐纳德·特朗普成就事业积蓄了一定的“人际资源”。特别是在特朗普大厦和特朗普广场建成之后，唐纳德·特朗普在“LE 俱乐部”所认识的大富豪，都购买了最昂贵的公寓房间。

“LE 俱乐部”只是唐纳德·特朗普为实现自我人生目标、走向卓越，而充分利用自己八面玲珑的社交能力所采取的策略之一。在以后的日子里，他更是将自己的社交能力发挥得淋漓尽致，以至于他的事业就像是涨潮的海水一样一发不可收。

在唐纳德·特朗普搬到曼哈顿，并且加入了“LE俱乐部”之后，虽然，他认识了许多对他的事业有帮助的人，也让他更进一步地了解了曼哈顿的房地产市场。然而，他仍然没有发现能买得起、价格适中并且有着很好的升值潜力的不动产。于是，他便一直努力地寻找着，直到看到了位于哈得孙河边的一个废弃了的庞大铁路站场。虽然在那个时候，人们认为那个地方是一个危险的去处，有廉价的旅店，到处都是毒品贩子。正如《纽约时报》所评价的一样：那是一个粗俗不堪的地方。但是，唐纳德·特朗普却认为要改变这些事情并不是很难，如果在这儿建一点什么，迟早人们会发现它的价值的，会给他带来难以预计的财富。从此以后，他便思索着怎样才能买到那片土地，使用什么样的方法去获取成功。

在 1973 年的夏季，唐纳德·特朗普在报纸上看到了出售废弃站场的资产的负责人叫维克多。经过和维克多的多次交涉，最后签订了一个协议：由唐纳德·特朗普买下那个废弃站场，但盖房子须经市规划委员会批准。资金由唐纳德·特朗普筹集，还须办一切手续。此时的唐纳德·特朗普没有自己的公司，于是，便在市郊租了几间小办公室，组成了“唐纳德·特朗普组织”，着

手开发那片土地。唐纳德·特朗普的事业在这个时候才正式开始。那年，他仅 27 岁。

良好的人际关系，能够使自己的事业顺风而行。唐纳德·特朗普深深地知道，要想让自己有所成就，就必须充分地发挥自己的特长，缔结好就像是蜘蛛网一样的关系网。在致力于土地开发的同时，他仍然不忘怎样发挥自己的社交能力。由此，他通过将近 4 年时间的宣传，取得了“LE 俱乐部”里的大亨们的支持，并且都愿意做他的后盾。另外，他和父亲还捐款给民主党俱乐部，支持比姆竞选纽约市长，从而和政治家拉上了关系。更重要的是维克多又帮唐纳德·特朗普在新闻界获取了很好的信誉。

但是，让唐纳德·特朗普没有想到的是，正当他准备雄心勃勃大干一番的时候，由于财政危机，市长比姆宣布：暂停所有新住宅的施工。这使得唐纳德·特朗普的建房计划受挫。于是，他打算用那块地皮搞一个集会中心。但这也遭到一些纽约政坛上有权势人物的反对。州参议员基尔就说，把集会中心放在那里，就像是在坟场上开办一个夜总会。唐纳德·特朗普是个经商天才，他当然不会在一棵树上吊死。他所建立的人际关系网为他提供了大量可靠的信息。当他得知市政府准备购买那块场地并在那儿建集会中心的时候，毅然放弃了那块土地的拥有权，但是他希望这个中心能够用他的名字命名，然而遭到了拒绝。不过，他仍然从这块地皮上赚了为数不少的一笔钱。

在从那片土地上解释出来之后，维克多为他提供了一个信息。就是在那块地皮附近有一家叫康莫多尔、由于管理不善已经破败不堪并多年亏损的大饭店，因为每天都有成千上万上下班的人从这里的地铁站钻上钻下，占据了一流的好位置。这中间孕育着无限的商机，如果将它购买下来一定会大有前途。唐纳德·特朗普经过了一番细心的考察之后，也意识到了这一点，便把买饭店的事告诉了父亲。可是，他并没有取得父亲的支持。但是，他意识到如果真的将那家饭店买下来，自己一定会成功的。于是，他一方面让卖主相信他一定会买，却又迟迟不付订金，尽量拖延时间；另一方面，他用自己的社交能力去说服一个有经验的饭店经营人，一道去寻求贷款，同时还要争取市政官员破例给他减免全部税务。

终于，唐纳德·特朗普买下了康莫多尔饭店，投资进行装修，并改名为海特大饭店。装修得富丽堂皇：楼面用华丽的褐色大理石铺成，栏杆和柱子镶嵌上漂亮的黄铜，即使是门廊也建得很有特色。他还在楼顶建造了一个富丽堂皇的玻璃宫。可以说，经过改造的康莫多尔饭店，面目焕然一新，就像是一座艺术宫殿，在人们的心目中不仅是进餐消费的地方，并且成了人人想参观的地方。1980年9月海特大饭店正式开张，第一天起就交上了好运，从此之后营业额便一路直线上升，给拥有饭店50%股权的唐纳德·特朗普带来了巨大的经济效益，也让他一步步地走向成功。

然而，唐纳德·特朗普并没有为所取得的一点点成绩而沾沾自喜。从海特大饭店尝到了甜头的他又将目光集中在曼哈顿繁华路段的一座11层大楼上。他要将自己的事业进一步扩大。通过明察暗访，唐纳德·特朗普了解到那11层大楼属于邦威特商店，地皮属于一个名叫杰克的房地产商人，通过几个月的艰苦谈判，最终以2500万美元买下了11层大楼和下面的地皮。并费尽周折，得到了市规划委员会的批准。唐纳德·特朗普把整个工程承包给

了 HRH 施工公司，并委派 33 岁的女高级助手巴巴拉负责监督施工，在拆掉旧楼之后，建起了高 68 层的、后来闻名全世界的特朗普大厦。

高达68层的特朗普大厦，建造得既富丽堂皇又非常新颖独特。光是门廊中沿东墙下来的瀑布，就有80英尺高，造价200万美元。从第 30 层到 68 层是公寓房间，躺在床上就可以看到北面的中央公园，南面的自由女神像，东面的九特河，西面的哈得孙河。大楼的锯齿形设计，使所有单元住宅的主要房间至少可以看到两面的景色。毫无疑问，唐纳德·特朗普大厦是有钱人住的地方。每套单元售价从 100 万美元到 500 万美元不等。由于唐纳德·特朗普拥有着良好的人际关系，以及雇佣了高级公关公司做宣传。虽然价格昂贵，但是由于许多电影明星和著名人士争相购房，房子还没竣工就卖出了一大半。

特朗普大厦，让唐纳德·特朗普的事业登上了一个新的高峰。由于出现了供不应求的局面，他也大赚了一笔，房价共涨了 12 次之多，可以说是创造了房地产业的奇迹。

唐纳德·特朗普成功了，通过十几年的奋斗，充分地发挥自身超强的社交能力，缔结了一个有助于他走向成功的人际关系网，给人们留下了极好的信誉和印象，让他成了曼哈顿，乃至全美国、全世界知名的实业家。可是，又有谁知道在十几年前，这个现在住在世界闻名的特朗普公寓的大富豪，租住的是一间极其简陋的公寓，甚至连在开始的时候想加入“LE 俱乐部”都遭到拒绝呢？

【阅读评语】

曾经听一位朋友说过，当今已不是单打独斗的冷兵器时代，已经不可能匹马单枪可逞匹夫之勇，横行无忌。时代早已今非昔比，团队或社会关系之外的孤雁只狼，成不了什么大气候！

他说人与人之间的关系复杂得就像是一张盘根错节的蜘蛛网。不管你是否讨厌这张难以理清楚头绪的人际网络，要想在复杂的社会之中生存，还得是一只辛勤的蜘蛛一样不停地去编织这张网。因为，有了这张网，便可以帮助你网住生活之中的机遇……

编织良好的人际关系网络依靠的是良好的社交能力，而在这个无限的世界之中，即使你再有能力，也不可能把握住所有机会，你就是有一双能够看到世界所有东西的眼睛，也会有疏忽的时候，再者说，你并不是万能的，很多时候，也需要他人的帮助，这便决定了生活在复杂的社会之中的你，要通过自身的社交能力广结善缘，去缔结属于自己的人际关系网。就像是美国著名企业家卡耐基先生曾指出的：一个人事业的成功，只有15%是由他的专业技术决定的，另外的85%，则要靠人际关系。在这个人际关系复杂的社会，要想使自己成功就应该像蜘蛛一般善结人际关系网，才能够让自己顺利地走向卓越、走向成功！

【自测与游戏】

社交能力自测题

要想成功，要想实现自我的人生价值，从平凡走向卓越，仅

仅依靠自己一个人的力量是很难成功的。虽然在现实生活中，也有凭借一个人的力量去获取成功的，但是，毕竟是少数。从大部分人的成功经历之中，我们不难看到，他们之所以成功是因为获得了很多人的帮助，是通过自身的社交能力，缔结了一个关系网，而使得自己迈步走向成功的。

良好的人际关系，是促使你从平凡走向卓越的有利条件，缔结好有助于自己事业发展的人际关系网，会让你的事业、你的人生像一只迎风飞翔的风筝。既然社交能力对于自我是如此重要，心中渴望走向成功，从平凡走向卓越的你，是否很想知道自己的社交能力怎么样呢？你不妨如实地回答下面的问题，看看你的社交能力到底有多高。

1. 如果你的一位朋友邀请你参加（他）她的生日派对，他（她）所邀请的人，都是你十分陌生的人，你会——

A. 十分高兴地答应，并且乐意借此机会去认识更多的朋友；

B. 表示愿意早一点过去，帮助（他）她做好筹备工作；

C. 寻找理由，借故推辞。

2. 你在街上行走的时候，有陌生人向你询问怎样去火车站，你很难具体说清楚该怎样走，并且，还有别的要紧事情要去做，你会——

A. 把他带到可以通往火车站的地方，告诉他怎么走；

B. 尽量简单地告诉他；

C. 告诉对方自己并不怎么清楚，让他找别人打听。

3. 你原来在大学的时候一位最要好的同学，突然间来到了你家。你们已经有好长时间没有见面。可是，你又有一件非常重要的事情要去做，这时，你会——

A. 热情地接待对方，在闲聊片刻之后，告诉对方真的有要紧的事情去做，主动约好见面时间；

D. 忘记自己还有要紧的事情要处理；

C. 直接告诉对方自己有要事在身，有什么下次再说。

4. 在公司庆祝某个节日所举办的活动之中，因为你参加了某个有奖励的游戏，得到了一些物质上的奖励，例如钱。你会——

A. 和同事们小聚，庆祝一下；

B. 购买一些自己喜欢的东西；

C. 当成是自己所赢得的，对他人没有任何表示。

5. 如果你的邻居有急事要出去，让你帮忙照看一下他们的孩子。孩子醒后哭了起来，你会——

A. 把孩子抱在怀里，哼着歌曲想让他入睡；

B. 看看孩子是否需要什么东西。如果他无故哭闹，就让他哭去，因为终究他会停下来的；

C. 感到很烦躁，关上卧室的门，干自己喜欢干的事情。

6. 在节假日，你一般会怎样打发时光——

A. 和朋友、同事相聚，欢乐地度过那段时间；

B. 自己一个人出去逛逛，看看是不是能够买到一些自己所需要的东西；

C. 待在家里，哪儿也不去。

7. 如果与你在同一家公司就职的同事因病住医，你一

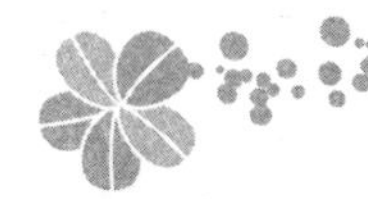

般会——

A. 主动探望，并且安慰对方；

B. 看与对方平时的关系如何；

C. 有空就去，没有空就算了。

8. 在你选择朋友的时候，你一般会——

A. 能和任何人交上朋友，和很多人都谈得来；

B. 对兴趣、爱好不相同的人也能偶尔谈谈；

C. 只能与趣味相同的人交上朋友。

9. 倘若有人邀请你去玩或在聚会上表演节目，你往往会——

A. 饶有趣味，并且很高兴地接受他人的邀请；

D. 找一个借口能推掉便尽量推辞掉；

C. 毫不犹豫地拒绝对方。

10. 如果在你所交往的朋友中，有一个人对你十分依赖，你会——

A. 并不怎么介意，但是希望自己的朋友能有一定的独立性；

B. 感觉很好，认为被人所依赖是别人对自己的信任；

C. 感到很烦躁，对于依赖性强的人，不要说和他们交上朋友，躲都躲不及。

提升社交能力的几种益趣游戏

社交能力是一个人魅力的表现，是在待人接物的时候所留给他人的印象。一个有着良好社交能力的人，毫无疑问是深受大家喜欢的人，也是一个艺术家。他能够通过自身的行为习惯以及一些微小的动作，让人感受到他的魅力。在这个人际关系复杂的社会，我们都知道一个人想获得成功需要很多条件。中国有句话说得好，“一个好汉三个帮”。在今天这个社会要想获得成功，没有一个良好的人际关系网是绝对不行的。一些在商场上游刃有余的成功者，又有哪一个不是八面玲珑的社交家呢？在这里，我向大家介绍几个有意思的小游戏，或许对你的社交能力有所提高。

A. 假装第一次见面

一个角色扮演类的游戏，不需要任何的工具。参与游戏者应两人为一组，不管以前是怎样的熟悉，都要装作是第一次见面一样。在游戏之中你可以尽情地表现自我的魅力，去和对方交谈，以求能够在对方的心目中留下最好的印象。

值得提醒注意的是，在玩这个游戏的时候，为了能够达到更好的效果，你可以设置众多见面时候的场景，如车站、餐厅、娱乐场所等。

B. 谁的笑容最美最灿烂

很有意思的一个锻炼你亲和力的游戏。说白了就是让你的笑容看起来更加迷人、更加灿烂。在玩这个游戏的时候，需要一些必备的工具：从画报上剪下来的一些你认为最有魅力的电影明星微笑的海报和一面镜子。然后你一只手拿镜子，一只手拿着海报，对着镜子学他们的样子练习微笑。

是不是觉得这个游戏很有意思呢？

C. 灰姑娘与刁蛮的后母

我相信大家都听过灰姑娘的故事，这则游戏便是从这个童话

衍生而来的。与其说是游戏，还不如说是一个小话剧。对于这个游戏参与人数有一定的限制，最好是两个，因为这是一则角色扮演游戏，是需要双方互动和配合的。一人扮演后母，一人扮演灰姑娘。当然，我们不可能严格地按童话之中的情节来进行。这完全是随意的。参与游戏的人只要保持以下两点便可以：后母要想尽办法使得灰姑娘生气，而灰姑娘却要想尽办法让自己不被后母激怒，并且还要想尽办法使得后母也变得心平气和。

怎么样，这三个小游戏还有些意思吧！那么还犹豫什么呢？你可知道它们可以提高你的社交能力哟！并且在现今的社会，一个人的社交能力的强弱，直接影响到他的成败。既然如此，为什么不痛痛快快地找来几个好朋友一起玩玩这些游戏呢？

第六章 学习新的知识和技能

——谦虚的学习能力

在当代科技高度发展的社会，每一天都有无数的新的知识、新的东西涌现出来，要想在当代社会取得良好的生存机遇，迈步走向成功，必须要像海绵吸水一样，不停学习新的知识和技能；否则的话，你便会像是一条离开水的鱼，最终的结果便可想而知！

积累知识就是积累财富

能改变心态，对自我提出更高的要求，将那种不满足于现状的心态转化为一种积极探索求知的欲望，去虚心地学习，增强自身的各项能力，是获取比现在薪水更高工作的唯一一条平坦之路。

杰克·汉克斯是我的邻居，是一家中央空调公司的业务员。我们都知道像这种类型的工作其薪水是与自己的业绩挂钩的。如果能够多推销出去几台空调，他的薪水也随之增长。但是，在今天这个竞争高度激烈的社会，真的想要干出一定的业绩来也十分困难。业务难做，当然就回报少了。杰克·汉克斯几乎是靠着微薄的一点底薪勉强地生活。就像是所有的年轻人一样，他认为自己有着很强的工作能力，应该有更好的发展。于是，对自己的这份工作他便显得不怎么尽心尽力了，反而孳生了一些消极的情绪。他再也不会真的联系业务，每天只是早上去公司报一下到，然后便借口说要和客户见面，离开公司，要么是回家看电视打发无聊的时间，要么就是去别的公司应聘。可惜的是，却没有一家公司愿意聘用他。

“你今天用不着上班吗？”有一天，我在社区的门口遇到了他，就像是以往一样和他打了一个招呼，并问道。

杰克·汉克斯无精打采地说道：“没劲儿，一个月才那么一点点钱，谁愿意帮他干啊！”

“是吗？你们公司真的很差？不过我好像记得你原来对我说过不是很好的吗？”他的话不禁引起了我的好奇。

“是啊！在开始的时候，我也觉得不错，但是，我没有想到实际上和看起来的不一样。”杰克·汉克斯一脸苦相地对我说道。

“为什么呢？”

“为什么？没有为什么。你想想，我们公司所推销的是中央空调，像这样的产品又不是普通人所能买的。他还要我们每个月变相加几个班到处去王婆卖瓜……唉！懒得说了，我不想干了！”杰克·汉克斯说道。

“那么，你准备去干什么？”

“重新找一份工作呗！难道我会一直这样耗下去？”

“你准备找什么样的工作？”

“这个我还没有考虑好，不过我想我不会再找像这样的工作就行了。”

听着杰克·汉克斯的话，我微微一笑，说道：“那么现在呢？你还没有从这家公司辞职，你准备怎么办？”

“怎么办？混呗！”杰克·汉克斯说。

在那次偶然相遇的两个星期之后，我又一次遇到了杰克·汉克斯。当我问及他的近况的时候，他告诉我仍然在那家公司，并没有多大的变化。对于他的这种状况，出于让他能够正确地面对生活的希望，我和他进行了一次推心置腹的交谈。

“你现在在干什么？”我问他。

“寻找更好的工作啊！”杰克·汉克斯回答道。

“你认为自己真的是在寻找更好的工作吗？”我反问他。

对于我的问话，杰克·汉克斯有些不解了，睁大一双狐疑的眼睛看着我。

“你认为你这样便能找到更好的工作吗？”我望着他，在心里叹了一口气，接着说道，“其实，你这是在做一种消极的对抗。我也不知道你所说的情况是不是真的，但是作为一个朋友，我所要对你说的是，你应该尽早地抛弃现在心中所存的念头，用一种积极的心态去面对所遇到的事情。即使你真的认为那家公司糟糕透顶，不利于你个人的发展，在你还没有找到更好的、更加适合于你的职业的时候，你为什么不把它当作是一种锻炼自己和学习的机会呢？我想这样对你没有什么坏处的，通过这些能够提高你的能力啊！再者说，如果你不愿意出去跑业务，你又何必采取这种方式白白地浪费自己的时间呢？难道你不能利用这些时间去学习一些有利于自己将来发展的知识吗？”

杰克·汉克斯听了我的话，默默地点了点头。就在我还想和他说一些别的事情的时候，因为我还要赶时间到咨询所去，便匆匆地离开了。

上面是我和杰克·汉克斯第二次见面所发生的事情。然而，当我在两个月之后再次见到他的时候，我便被他那种热情和活力所吸引了。他好像变成了另外一个人。

“看来，你现在不错！”我笑着说道。

杰克·汉克斯不好意思地笑了笑，说道：“这一切都要谢谢您上次对我所说的那一番话。”

“看来，你已经找到了一份适合自己发展的工作。”我问道。

“没有，我还在原来那家公司。”杰克·汉克斯回答道。

他的回答让我感到有些吃惊。说真的我实在难以想象他在原来的公司里会有这样翻天覆地的变化。或许是杰克·汉克斯看出了我心中的疑问，他微微一笑，说："不要说是你吃惊我现在的这种变化，就连我自己也感到有些吃惊。当我按着你所说的去做之后，在工作实践中，我一次次地体会到自己原来还有所欠缺，我便通过网络和书籍上的知识来充实自己。突然之间，我觉得其实我选择的行业并不像我想象的那么糟，只不过是我自己某些知识上的不足而已。现在，我已经谈成了好几份单子，并且被提升为某个区域的销售主管了。"

杰克·汉克斯的成功告诉了我们什么呢？难道不能够引起我们一点点的思考？难道在现实生活中，抱有杰克·汉克斯开始时那种念头的人还少吗？他们不满足于微薄的薪水，总是向往更高的薪水，可是，又不知道该怎样去获取更高的薪水，而是持一种怨天尤人的心态。想想他们能够取得比现在不满意的薪水更高的薪水吗？我们何不改变心态，对自我提出一种更高的要求，将那种不满足于现状的心态转化为一种积极探索求知的欲望，以增强自身的各项能力，为获取高薪而奠定基础吧！不断地学习，积累知识，也是在积累财富啊！

从头绪中挤出时间

只要考虑到自己的将来，再累再忙，都可以挤出时间来学习，并且使得学习变得有意思起来。是啊！为了明天，为了能够提升自己的知识和专业技能，为了明天不要再像现在这么劳累，我们为什么不能够从有限的时间里挤出时间来学习呢！

虽然我们都知道学习的重要性，也深刻地知道，在现今科技、

信息高度发展的社会，要想提高自身的竞争力，拓宽自我的发展空间的必要性。可惜的是，随着这些而来的是快节奏的生活，让我们处在一种繁忙而有些杂乱的状态之中。于是乎，我们便常常听到身边有人无限感慨道："是啊！确实，我也知道自己的知识贫乏，我也知道学习的重要性，如果不学习的话，迟早会被社会所淘汰，可是，我真的很忙啊！工作都忙不过来，又怎么会有时间去学习呢？"确实，看着车水马龙、行人匆匆的街道，我们真的感到了所有的人都在和时间赛跑。然而是否真的像上面的人所说的一样，没有时间去学习呢？恐怕不尽其然，托马斯·伍凯的事情可能会对你有所启示。

在纽约市区中心的一家写字楼内，恐怕没有人比托马斯·伍凯更加忙碌。他是这家写字楼内一家行业报社的主编，堆积在他办公桌上的是永远都像是小山一样、等待着他签字发表的稿件。他几乎从早上坐在办公桌之前，便要无休止地和这些文字打交道。这种状态一直持续到下班钟声响起。然而，他的工作并没有因为下班而结束。当他走出办公室的时候，等待他的却是另一种工作，一种他无法推卸而又不得不去的和行业人士的应酬。可以说托马斯·伍凯始终就像是一只拧紧了发条的钟表，无时无刻不处在一种不能松懈的工作状态之中。每天回到家的时候，都是晚上十点左右。这个时候的他疲惫是不用说的。如果，我想是一般的人的话，恐怕一回到家便会像是虚脱一般躺在床上。然而，托马斯·伍凯并没有这样。回到家中的他，虽然感到疲倦。但就像是习惯一样，他先会听上大约几分钟的轻音乐，然后洗个澡，然后呢？便拿出一个专用的小本子将今天所做的事情做一个总结和对于明天的事情做一个安排，再接下来，便会准时地收看晚间电视新闻节目，然后看一些专业的书籍。

托马斯·伍凯每一天都是这样去做的。也正因如此，他所主办的行业报纸，每一天都能够给读者全新的内容，深受业内人士的好评，也因此拥有广大读者。我之所以认识托马斯·伍凯是在一个朋友介绍下，找到他准备在他的报纸上刊登广告。在开始的时候，并没有过多地说什么，当渐渐了解了他之后，我对他忙碌了一整天在回家之后又那样努力学习，感到有些奇怪。因为，像他这样取得如此成就的人是完全用不着这样努力的，照样能够过着很舒适的生活。当我询问他为什么这样时，托马斯·伍凯说："你以为我愿意这样呢？这是给逼得啊！你知道吗？现在竞争多么厉害，还有社会变化快得让你不敢相信，如果不抓紧时间多学一点迟早会被淘汰的。"

"可是，你每天工作都那么累，再学习扛得住或者有必要吗？"

"累是累啊！可是，一想到现实也就不得不让自己拼命去学习。"托马斯·伍凯由衷地感叹道。

"那么，你有的时候不觉得枯燥和无味吗？"我接着问道。

托马斯·伍凯笑了笑，说："看来你还真的是一个专业的心理专家，对于任何事情都喜欢刨根问底。确实，在有的时候，我也会觉得枯燥无味。但是，在后来，我改变了一种心态，让学习充电变成一种很快乐的事情！这样一来，我便觉得那种原本枯燥无味的学习苦差事变得非常有乐趣。"

"乐趣？"我不禁感到有些奇怪。

托马斯·伍凯在略略沉思之后，说出了他之所以觉得这是轻

松学习的理由。他告诉我，不管自己怎样感到劳累，一想到将来，自己学习是为了能够在将来不用这样累的话，便是再累、再忙也可以挤出时间来的。另外增加对自己达到目的的一点小的奖励或者是没有达到目的的一点小的惩罚，能更加有益于促进自己学习，会使学习变得轻松快乐起来。

虽然我不知道托马斯·伍凯心中到底是怎样想的，但是，我由衷地相信他所说的一句话：只要考虑到自己的将来，再累再忙，都可以挤出时间来学习，并且使学习变得有意思起来。是啊！为了能够提升自己的知识和专业技能，为了明天不要再像现在这么劳累，为什么不能从有限的业余时间里挤出时间来学习呢！我想只要心中存有这样的信念，我们便会发现原来时间对于我们是那样的慷慨……在吃早餐的时候，我们不可以一边吃早餐一边浏览当天的报纸吗？在乘公交车上班的途中，我们为什么不随身携带一本书，随手翻阅翻阅呢？

做一个会学习的人

在很多人的观念里，把学习知识当成是一种有关知识信息的积累，只求强记住其中的某些概念，而从来不去追究实质的意思。将学习来的知识转化成自己的能力，从而促进自身能力的提高，才能获取自我的成功。

不断地学习是提升自我能力、加强自身竞争能力、为自己获得更好的发展空间的唯一途径，也是使自己实现自身的人生价值、从平凡走向卓越的康庄大道。我们深深地知道这一点，也通过各式各样的方法去学习。然而，遗憾的是，不知道究竟是什么原因，在有的时候，我们那种刻苦学习并不能为自己带来多大的实效，我们所学来的知识好像并没有使我们自己的能力得以提高，这到底是为什么呢？

前来我心理咨询诊所的麦哲伦·希尔便向我询问了类似的问题。毫无疑问，在他对我的讲述中，我可以感觉到这是一个学习非常刻苦的年轻人，同样也是一个没有很好地掌握学习方法的年轻人。因为，在他和我讲述的所有事情、所有的观点中，我明确感觉到他的知识含量之大。从他的言语之中，你可以找到很多很多历史上有名的伟大哲学家和科学家的经典语录。诸如，在谈论人的时候，他会说什么“人是万物的尺度”、“人重要的是认识自己”，“人是政治的产物”、“人向死而生”……说句实在话，我真的钦佩这个年轻人，因为这是一个在当今社会很稀有的年轻人。然而，就是这样的一个年轻人生活上十分不顺意。这也是他来到我心理咨询诊所的原因。

“那么你呢？你认为人到底是什么？”在听完他的讲述之后，我问道。

他沉默了半晌没有回答。

“如果给你一家经营日杂商品的小超市，你会怎样将生意做好？”因为我知道他读过很多关于销售和经营方面的书籍，便接着问道。

我话音刚落，麦哲伦·希尔便又按着从书本上看来的知识，说出了一套套听起来十分可行的计划和方案，照样，那些方案都是从一些书上的例子翻版而来的。更让我觉得难以接受的是，他

在讲述他的方案的时候，总是会加上类似于：卡耐基、威尔逊之类的话……到后来，我终于有些忍不住了，便问道："那么，你呢？难道你自己便没有了主意？"

这个年轻人微微一愣，沉默了一会儿说道："难道这样不行吗？"

"不是不行，我只是想听听你的主意。"我说道。

麦哲伦·希尔显得有些为难了，过了好半天，才说道："我觉得还是他们的主意好，如果这样去做肯定不会出什么太大的问题的。"

我真的无语了，我想如果我不是一个心理咨询医生的话，我是很难和他交谈下去的。虽然他看过许多书籍，学了很多知识，但是那些知识却不能对他起到任何作用。那些知识充其量只是充斥在他脑子里的一些散乱信息，是完全不能够产生任何影响的，不会给他的工作和生活带来巨大的能量。我们能说这是真正具有效果的学习吗？确实，像麦哲伦·希尔这样的年轻人大有人在，在他们的观念之中，将所谓的学习知识当成是一种有关知识信息的积累，只求强记住其中的某些概念，而从来不去追究实质的意思。但是，将知识转化成能力，才能有助于自己成功。

望着麦哲伦·希尔，我想起了曾经在某一本书上看过的小故事。我便向他讲述了那个故事。

很久以前，有一个山谷之中住着一个知识渊博的智者，有两个年轻人慕名前往向智者学习智慧。智者收下了他们，便开始教给他们天文、地理、社会科学等各个学科的知识。这两个年轻人都很用心地学习。只不过两人的表现略有一点差别。前者并不问什么，只是智者说什么便记住什么，对于智者所有的藏书，他几乎都浏览了一遍。他能够记住其中所有的内容。而后者却显得十分愚蠢，对智者的一句话老是要琢磨半天，还屡屡向智者提出一些疑问。对于那些藏书，往往是前者看完了两三本而后者一本书还没有读完一半。为此，他常常遭到前者的嘲笑。然而，他并没有感到气馁。

时间一天一天地过去了，两个人在这儿已经待上了将近五年，都想告辞下山。但是，没想到的是智者分别对他们说了不同的话。

“我希望你出了山谷之后，不要说是我的学牛！”这是对前者的话。对于后者，他却说道：“我因为有你这样的学生而感到骄傲！”

故事说到这儿，我停了下来，问麦哲伦·希尔，知道为什么智者会说出这样的话吗？麦哲伦·希尔的眉头皱了起来，脸上满是狐疑的神色。我淡淡地一笑，继续向下讲述这个故事：

当他们两个人走出了山谷的时候，前者对智者的评价感到忿忿不平，因为在他看来，自己要比后者优秀得多。于是，他便想证明给智者看。当他们经过一个城堡的时候，恰好看到城门口贴着一张招募侦破勇士的告示。于是，他便不顾后者的劝解毅然地揭下告示。

前者被带到了城堡主的面前，这才知道所要侦破的是一件名贵珍珠失窃的案件。而这枚珍珠失窃的时候，只有三个女仆在场，每一个女仆都有嫌疑。这可是前者所没有想到的问题，他绞尽了脑汁，也不能从出山前所学的知识之中找到一个相关的解析例子，急得满头大汗。

城堡主遇到这种情况，感觉遭到了戏弄，便要惩罚他。还好

在这个时候后者进来了。他找出了小偷，解救了前者。其实，他的方法很简单，只不过是将三根一样长的麦秸分别发给三个女仆，并且告诉她们在一个小时之内如果那个偷珍珠的人再不承认的话，麦秸会长长三寸而已。心中有鬼者欲盖弥彰，偷偷摘短了三寸麦秸，结果检验时“此地无银三百两”，真相大白。

前者在获救之后，问道：“我怎么没有从书上看到这样的事情，也没有听智者告诉过我，难道是他单独告诉给你的？”

“没有啊！是我自己想出来的，难道你没有听智者说过关于有一个官员在审理偷钟案件时所使用的方法吗？”后者回答道。

前者在这个时候，才恍然大悟。后者对智者讲过的案例举一反三，巧妙活用了。

这是一个极其浅显易懂的故事。我的话还没有说完，我便看到麦哲伦·希尔若有所悟地点了点头；他对我说：“听君一席话，胜读十年书，你使我顿开茅塞。我知道了，所谓的学习，并不是要强记住那些知识，而是要理解，将那些知识转变成自己的能力，那才是真正的学习。”

听了麦哲伦·希尔的一番话，我点了点头，为麦哲伦·希尔能够了解到什么才是真正的学习而感到高兴。因为，我们要时时刻刻地记住，我们之所以学习是为了什么，难道说不是为了提升自己的学识，增强自己的能力吗？而一个真正知道怎么去学习的人明白：学习并不是一些空洞知识的积累，而是将所学来的知识转化为能量的一个过程。想要获得成功的你一定要记住：不求甚解的学习是在浪费你的生命。

勤于思考，多问一些为什么？做一个真正知道怎么学习的人吧！

将知识转化为能力的途径

在学习的时候，获取知识的途径并不是至关重要的，重要的是应该采取什么样的方法将所学的知识转化为自己的能力。

“你认为学习的目的是什么？”一天，在一次朋友的聚会上，贝利·利克突然间问了这样一个问题。这是一个众所周知的问题，我想每个人都知道。于是，我便没有回答，微微一笑，反问道：“你说呢？”

“不，我要你告诉我。”他有些固执地说道。

“还不是发现自己的不足，而通过学习加强自身的知识积累，提高自己的能力吗？”我真的有些不愿意回答这样大家都知道的问题。

“是吗？真的是这样吗？”贝利·利克追问道。

“那么，你认为呢？”

“在开始的时候，我也以为是这样，然而，现在我慢慢地觉得好像不是这么回事，特别是在我公司里面新来了一个叫劳伦·瑞恩的年轻人之后，我便有些怀疑……”

贝利·利克的话让我有了兴趣，因为我知道他马上会向我讲述一个值得研究的案例，这对于做心理咨询医生的我何尝不是一种探索和学习呢？

贝利·利克向我讲述了关于劳伦·瑞恩的事情，一个与麦哲伦·希尔的案例十分相似的例子。虽然同样是一个热爱学习的年轻人，可是，他们所能做的只是将所学的知识牢牢地记住，而不

能加以运用。然而，当说起某一方面事情的时候，他们却能够说得头头是道。

贝利·利克故事讲完了，我微微一笑，没有说话。而贝利·利克却异常不解地问道：“唉！我真的不知道这个年轻人……”

“你认为那是在学习吗？”我打断了他的话，问道。

“你说什么，他那样努力地学习不是在学习，那么你认为他是在干什么？”

“他是在背书，是将所有的知识原封不动地储存在头脑里。我并不承认他是在学习！”

“不是在学习？”

“是的，他并不是在学习，至少可以说他没有掌握到将学习来的知识转化为自己能力的途径和方法！”

“将所学的知识转化为自己能力的途径！这我还是第一次听说，你倒是好好地和我讲讲。”贝利·利克也来了兴趣。

“你真的是第一次听说吗？其实我们每一天都在这么做，只不过是我们没有注意罢了。其实，有很多事情我们是身在其中不知在其中而已。”在稍微停顿了一下后，我拿过了一个空着的水杯，往空的水杯之中倒水，当水倒到三分之二的时候，我停了下来，问道：“你觉得这个水杯里面的水和从水壶里面倒出的水有什么不同？”

贝利·利克看了看倒在水杯中的水，又看了看我，摇了摇头，说：“没有什么不同啊！”。

我笑着看着他，又从旁边的小罐子里面，用汤勺挑了一点糖放在了水中，并且搅动，然后继续问道：“那么现在呢？”

“当然有所不同，刚刚是一种无色无味的水，而现在变成了一杯糖水。”贝利·利克仍然是疑惑的。他问我：“你在干什么？”

“告诉你什么才叫真正的学习，什么是将知识转化为自我能力的方法啊！你现在是否能够明白？”我问道。

贝利·利克怔怔地望着那杯水，在开始的时候，眉头聚在一块儿，慢慢地便舒展开了，并且大声地说道：“我知道了，我终于知道了，你是不是说真正的学习应该像是后面这杯糖水一样，在其中加入自己的理解，将所学来的知识融会贯通，只有这样才能够让学习达到真正有利于自我发展的目的！”

我笑着点了点头。

那次的聚会在一片欢声笑语之中结束了，从那儿离开之后，我再一次想到了学习，如何才能够有效地学习。虽然我们知道学习的目的便是能够很好地掌握某方面的知识，以提高自己的能力，从而能够用在实际的生活与工作之中，为实现自己的人生目标，获取成功服务。也就是说，我们之所以学习，终极目的是使用所学的知识为自我服务。那么，怎样去学习，去获取知识呢？一般来说，获取知识的途径有两条：一是直接去获取知识，二是间接去获取知识。前者是亲自去体验，而后者是通过一些书籍和其他的方式，去了解前人所遗留下来的知识和经验。然而，在学习的时候，获取知识的途径并不是至关重要的，重要的是采取什么样的方法将所学的知识转变为自己的能力。这便是由一个人学习能力的高低所决定的，也是由学习方法所决定的。那么，怎样才能将所学习到的知识转变成能力，从而为自己的未来积蓄能量呢？确实，这并没有任何固定的方法和模式，根据每个人的不同有不同的方法。继而，我又想到了刚才所举的例子，难道我们在学习

知识的时候，不能像在水杯之中加上糖或者别的什么饮料，让我们所学来的知识，能够更好地为我们自己服务吗？

不断地学习，增强自身竞争力

社会在不断地进步，知识结构在不断地更新。生活在现实生活之中的人，也要以一种动态的思维去对待学习。

“我是穿过人世的一粒尘埃。”一直以来，我便很欣赏这样一句话。很可惜的是，我不记得这到底是出自哪一位哲人之口，我只能隐隐约约地记得，好像是原苏联一位诗人诗篇之中的一句话。

是的，我十分赞赏这句话，并且将它当作我人生的座右铭。因为，它让我感到了自己的渺小，让我觉察到我自以为是、君临一切的心态是一种妄自菲薄，让我知道了要想获取更大的成功，要想使自己成为万人瞩目的卓越人士，我还需要多加努力。我之所以直到现在仍然在孜孜不倦地努力学习，便是这句话在不停地警告我、提醒我。因为，它让我察觉到自己的不足！

“我是穿过人世的一粒尘埃。”在这儿，我不去评价他这句话中的含义。我所要说的是在现今，特别是在现今瞬息万变的社会，我们要时时保持这样的心态，以警醒我们的不足，去激励自我更加努力地学习，以提高自身的竞争力，不被变化的社会所淘汰，去获取更好的发展机遇。如果你不怀有这种不断学习的精神，而只用自己原来的知识在这个世界打拼，慢慢地你便会感到力不从心，到最后会在无形之中被变化和进步的社会所淘汰。其中的道理很是简单，用一个简单的比喻你便能够明白：如果将人的知识和技能比作在大地上的一个水洼之中的水，你的事业便是要在这片水域之中养上一群鱼儿。在开始的时候，或许水中的鱼儿能自由快乐地生长，但是，因为你不接受外部水源的注入，而自认为这片水足以使鱼儿生长。随着时间的慢慢流逝，因为水的不流动，这片水便成了一潭死水，变得没有了养分，自然而然，这些生长的鱼儿便没有了可供生长的养料，结果便可想而知。再者，随着时间的推移，太阳的照射，也会使得水慢慢地蒸发，最终会让这潭水蒸发得一干二净……我想话说到这儿，也用不着我多说什么了。

社会在不断地进步，知识结构在不断地更新。生活在现实生活之中的人，也要以一种动态的思维去对待学习。也只有这样才能够给自己的事业水塘之中注入新的水流，使得整个水域的水经常地流动，增加其养分，使得水中的鱼儿能够获得赖以生存的养分。也只有这样，才能在有所消耗的时候，得以及时的补充，使得自己能够应对所发生的一切。

面对地球仪，仰望星空，遥想银河星系的浩瀚无垠，你认为自己是什么？是人世间的一粒尘埃，还是……倘若你想使自己在不断变幻和竞争激烈的社会中得以生存，你还是把自己看成是一粒尘埃吧！当然，我并不是要让你把自己看得渺小，而是要清晰地认识到自己的渺小，而去采取有效的方法使得自己不“渺小”。你应该自始至终保持一种认识，在这个广袤的世界之中，在这个无限大的宏观与微观的世界之中，在浩瀚的知识海洋中，我们知道的甚少，我们所知晓的比一粒尘埃还要少。这就是我所理解的关于“我是穿过人世的一粒尘埃”的意义所在。始终保持这种“我是穿过人世的一粒尘埃”的谦虚心理，积极地学习新的知识，以

补充自己的能力，不仅是增强自身竞争能力的法宝，同样也是你取得辉煌人生的制胜秘诀。

生存是发展的前提，只有在生存的基础上才能够获取长足的进步和发展，才能够使自己慢慢地走向成功，实现自我的人生价值。在这个残酷竞争的社会，一切都是凭借能力说话。为了使自己在这个社会脱颖而出，我们为什么不抱着谦虚的学习精神，加强自身的能力修炼，让自己在竞争之中立于不败之地呢？

每一位想成为杰出成功人士的年轻人，在这儿，我要告诉你们的，仍然是我告诉来我诊所的每一位询问成功之道的年轻人一样的话：“把自己看成是穿过人世的一粒尘埃，不断地学习，加强自身的能力修炼，是增强自身竞争力的唯一法宝！”

【延伸阅读】

钢铁大王——安德鲁·卡耐基

美国的钢铁大王、美国十大财阀之一的安德鲁·卡耐基，这个从英国移民到美国，创造了被人们称为“美国梦”的苏格兰人，之所以能够获得巨大的成功，成为人们所瞩目的杰出成功人士，在很大程度上，便是因为他具有像海绵一样的学习能力。

1835年11月25日，安德鲁·卡耐基出生于苏格兰古都丹弗姆林一个以手工纺织亚麻格子布为生的手工业者家庭。虽然家庭经济并不怎么宽裕，但也能够勉强维持一家人的日常生活。安德鲁·卡耐基便是在这种家境下，一面帮助家里干一些力所能及的事情，一面抽出时间去看自己所想看的书。直到他8岁的时候，英国第一次工业革命的浪潮席卷了丹弗姆林。当地的手工纺织业经不住改良蒸汽机带动的亚麻织布机的冲击，纷纷破产倒闭。安德鲁·卡耐基一家的生活也每况愈下，帮工被解雇，织机被变卖。为了维持生计，母亲只好开一间小铺子。然而，随着工业革命到来的便是1846年的欧洲大饥荒和1847年的英国经济危机。在这种灾难像海浪一样一浪接一浪的冲击下，安德鲁·卡耐基一家实在没有了生计，只得向几年前移居美国匹兹堡的两位姨妈写信，询问美国现在的谋生机会怎样。两位姨妈回信告诉他们，目前正是赴美的最好时机，就业机会很多，希望他们能够尽快赶来。

在接到了姨妈的回信之后，安德鲁·卡耐基的双亲变卖了家中所有的织布机和家具，准备前往美国。然而令他们感到失望的是要想到美国去旅费还差20英镑。幸好，安德鲁·卡耐基母亲的一位好友在这个时候伸出了援助之手，借给他们20英镑，他们才能踏上前往美国之路。

那一段在波涛汹涌的大西洋上航行的日子，是安德鲁·卡耐基一辈子不能忘记的。他们与其他来自苏格兰的穷苦移民一起，挤在阴暗、低矮且客货混装的统舱里，食物粗劣，空气污浊，备受漫长旅途的煎熬。颠簸了整整50天，才到达他们的目的地——美国东海岸的纽约港。也就是这段在海上航行的日子，让安德鲁·卡耐基产生了强烈改变现状的念头，也坚定了他通过学习获取知识，改变命运的信心。

安德鲁·卡耐基一家在纽约下船后，辗转来到姨妈所居住的匹兹堡，并在姨妈的帮助下安顿下来。然而，实事并非像姨妈信中所说的那样乐观。为养家糊口，安德鲁·卡耐基的父亲不得不

重操起老本行，织起了桌布和餐巾，并且还得自己去沿街叫卖，挨门兜售这些产品。尽管如此，赚的钱还是远不够一家的开销。母亲也只好以缝鞋为副业，经常缝到深更半夜，即使是这样，他们一家人辛辛苦苦地工作，每周收入仅仅在5美元左右，勉强能够维持一家人缩衣节食的开销。

小安德鲁·卡耐基看在心里，暗暗地着急。为了替父母分忧，他进了一家纺织厂，当了每周只有1美元2角的童工。为了能够减轻家人的负担，他又干了挣钱稍多一点的工作。如烧锅炉和在油池里浸纱管。油池里的气味令人作呕，灼热的锅炉使他汗流浃背，但卡耐基还是咬着牙坚持干下去。恶劣的环境并没有让安德鲁·卡耐基就此丧失对美好生活的追求，这种残酷的生活不仅没有使安德鲁·卡耐基垮掉，反而像是一团熊熊的火焰，让他想改变现状的念头更加强烈。他知道，要想改变自己的命运，便要掌握丰富的知识，而知识需要通过看书和学习得来。在这种信念的支撑下，劳累了一天的安德鲁·卡耐基，仍然还是报考了夜校，每周三次去学习复式记账法会计。在这段时间里他所学到的扎实的复式会计知识，为他后来建立巨大的钢铁王国并使之立于不败之地奠定了良好的基础。

安德鲁·卡耐基一边上班，一边参加夜校的学习，一边等待着人生转折机遇的到来。终于，在1849年冬天的一个晚上，机会来临了。安德鲁·卡耐基的姨父告诉他，匹兹堡市的大卫电报公司需要一个送电报的信差。他立刻意识到，机会来了。这个年仅14岁的小伙子，以自己的真诚打动了公司的老板——大卫先生，并且通过自己的努力，很快在公司上下获得一致好评。一年后，他已升为管理信差的负责人。

一个喜欢学习和善于学习的人，在任何时候、任何地方都不会放弃学习的机会的。安德鲁·卡耐基之所以能够取得以后的成就，在大卫电报公司获得同事的一致好评，并被迅速提升，也是他永远不知足、乐于学习的能力所决定的。

在这段时间里，在业务技能上，他熟练地掌握了收发电报的技术，被提升为电报公司里首屈一指的优秀电报员。更重要的是他熟读了一本无形的“商业百科全书”。匹兹堡在当年不仅是美国的交通枢纽，也是物资集散中心和工业中心。电报作为当时先进的通迅工具，在这座实业家云集的城市起着极其重要的作用。每天走街串巷送电报、嘀嘀嗒嗒拍电报的生活，使得安德鲁·卡耐基就像走进了一所“商业学校”。他熟悉每一家公司的名称和特点，了解各公司间的经济关系及业务往来。这一切对他在日后创建自己的钢铁王国有着潜在的借鉴作用。以至于安德鲁·卡耐基后来在回顾这段时期时，称之为是“爬上人生阶梯的第一步”。

虽然工作很辛苦，每天都要来回不停地穿梭于匹兹堡的大街小巷送电报，然而，安德鲁·卡耐基从来没有放弃多读一点书、通过学习来提高自己的念头。可是，经济并不怎么宽裕的家里，怎么会有多余的钱来买书呢？幸好，有一天他在翻阅报纸的时候，偶然发现了这样一则消息：退役的詹姆士·安德森上校愿意将家中所藏400册图书借给好学的青少年们。每逢星期六可以到他家借一本书，一星期后归还，再换借另一本。

这则刊登在报纸上不被人们注意的小消息，对安德鲁·卡耐基来说就像是在路上无意之中拣到了一个装满钞票的大箱子。于是，他便欣喜若狂地按着报纸上所刊登的地址，找到了上校的家，

并且借到了自己心爱的书。从上校那儿借来的书籍，就像是一把钥匙，让安德鲁·卡耐基从此和一个崭新的世界接触。从此后，安德鲁·卡耐基就像是上班一样，每到星期六，都会前往上校那儿借一本自己爱看的书籍。更让安德鲁·卡耐基感到兴奋的是，由于上校看到借书的少年日益增多，便到纽约添购了各种书籍，扩大了自己的书斋，又向市政府借了一间房，成立了一家真正的图书馆。

正是詹姆士·安德森上校所开办的图书馆，让安德鲁·卡耐基从课本上学到了很多知识，整体上提高了安德鲁·卡耐基各方面的能力，为以后创建钢铁王国奠定了深厚扎实的基础。可以说是安德森让他在人生的黄金时期有了读书的机会，是安德森图书馆奠定了安德鲁·卡耐基走向卓越、走向成功的知识和能力基础。后来当安德鲁·卡耐基事业有成之后，为了报答安德森先生的帮助，他便在安德森私人图书馆的原址上盖了大会堂和图书馆，并立碑纪念这位恩人。

善于学习和爱好学习的人，在任何时候都可以为自己寻找到提升自我能力的学习机会。他们不仅能够从书籍中吸取自己所需要的能量，更重要的是他们能够从身边的一切，发现自己所需要的，以使自己更为成熟，能力得到进一步的提高。

安德鲁·卡耐基无时无刻在在向书本学习，或者是向社会学习。他的这种永远不知足就像是海绵吸水一样的学习精神，让他最终成了美国的钢铁大王。他把所有的工作都当作对能力的提升和知识积累的学习过程。

也就是因为他所持有的这种人生态度，他在创建卡耐基钢铁公司之前，在所供职的任何一家企业，都成为最受上司欢迎的员工。他的这段工作经历，特别是在宾夕法尼亚铁路公司的10余年，让他逐步掌握了现代化大企业的管理技巧。这种技巧是他后来组织庞大的钢铁企业时必不可少的。

1865年，通过一些有效方式积累了一定资金的安德鲁·卡耐基，果断地辞掉了待遇丰厚的职务，创办了卡耐基钢铁公司的前身——匹兹堡铁轨公司、火车头制造厂以及铁桥制造厂和炼铁厂，开始一心一意地干自己的事业。同样，仍然是因为他身上所具有的不懈的学习精神和超强的学习能力使得事业在慢慢地壮大。首先，从技术上讲，成本低廉的酸性转炉炼钢法已经发明，他特地亲赴英国考察了发明者贝西默在生产中运用该法的实际情况。其次，美国的钢铁市场十分广阔，供不应求。而铁矿在美国极为丰富，密执安大铁矿已进入大规模开采阶段。再次，就财力而言，卡耐基已拥有数十万美元的股票及其他财产，他决定改变四处投资的老方法，将资金集中到钢铁事业中来。最后，最令卡耐基信心十足的，是他在钢铁公司10余年间所掌握的管理大企业的本领。于是，到1873年底，他终于与人合伙创办了卡耐基·麦坎德里斯钢铁公司。公司共有资本75万美元。卡耐基投资25万美元，是最大的股东。在随后的20多年间，卡耐基使自己的财富增加了几十倍。

19世纪末20世纪初，卡耐基钢铁公司已拥有2万多名员工，以及世界上最先进的设备，年产量超过了英国全国的钢铁产量，成为年收益额达4000万美元的世界上最大的钢铁企业。安德鲁·卡耐基终于因为具有着持之以恒、坚持不懈、永远不知足的谦虚学习能力，通过学习弥补自身的不足，提高自身的知识含金量，提升自我各项能力，成了令人瞩目的卓越成功人士。

【阅读评语】

“知识便是财富。”“海纳百川，有容乃大。”“事业如金字塔，学习如金字塔的底边，底边越长，底面越大，所以塔尖越高！”

在现代科技高速发展的社会，我们越来越重视学习的重要性。因为每一天都有无数新的知识、新的东西涌现出来。要想在社会中获得良好的发展机遇，迈步走向成功，便必须要像海绵吸水一样不停学习新的知识和技能。学习的目的是能够很好地掌握某方面的知识，以提高自己的能力，从而能够用在实际的生活与工作之中，为实现自己的人生目标，获取成功服务。也就是说，我们学习的终极目的便是用所学的知识为自我服务。

在这个越来越重视能力、重视知识的时代，学习能力对于一个人的成长和发展极其重要！

【自测与游戏】

学习能力自测题

不管是在现今科学技术飞速发展的时代，还是在竞争并没有现在激烈的社会，我们都毫无例外地知道，要想使自己活得更好，成为万众瞩目的成功卓越人士，便需要不断努力地学习，通过积累知识来提高自我各个方面能力。由于社会的不断进步，几乎每一天都会有新的我们所不了解的东西出现，导致了知识结构的不断更新，在这个时候，我们更加需要不断地学习新知识。这是增强自身的竞争能力、获取广阔的发展空间和更多发展机遇的法宝。

如果你仍然止步不前，不懂得去学习新的知识，随着动态社会的发展调整自我的知识结构，就会被时代所抛弃，被他人抛在身后。所以，在今天的社会，学习决定了一个人的前途和命运，也充分地显示出学习的重要性。然而，一个人的学习能力却决定了他的学习是不是有效的学习，决定了他是否能够将学习来的知识转化为自身的能力，取得更好的生存和发展机遇。

既然学习是如此重要，学习能力又决定了一个人的学习效果。你是否很想知道自己拥有多强的学习能力，你的学习能力是否能够使你达到预期目的呢？倘若你有兴趣的话，不妨尝试着回答下面的问题，对自己的学习能力来一次大的检阅吧！

1. 在看一本书的时候，你是否会记下看书的时候所不懂的地方——

A. 很符合自己的习惯；

B. 比较符合自己的习惯；

C. 很难回答；

D. 不大符合自己的习惯；

E. 很不符合自己的习惯。

2. 在平时，你是否经常阅读与所学学科无直接关系的书籍——

A. 对于各种类型的书都很感兴趣；

B. 有的时候也会看看；

C. 很难确定地回答；

D. 一般来说，不会看与自己所学学科无关的书籍；

E. 从来不去翻阅。

3. 对于一个问题，你在观察或思考时重视自己的看法吗——

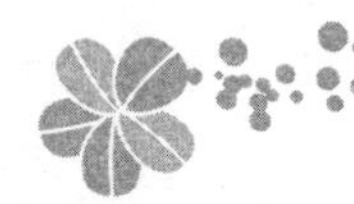

A. 很重视自己的看法；

B. 一般来说较为重视自己的看法；

C. 不怎么确定；

D. 不怎么在意自己的看法；

E. 从来不强调自己的看法。

4. 对于所学到的知识，你会复习——

A. 经常会复习以前所学的知识；

B. 偶尔会去翻看一下；

C 很难确定；

D. 一般不会去看以前所学的东西；

B 从来不注意以前所学的知识。

5. 对于所出现的一些问题，你一般会——

A 进行思考并找出真正实际的解决方案；

B. 有的时候会参考原来所看过的书籍内容；

C. 不确定；

D. 一般会采取固有的模式寻找解决方案；

E. 按照一定的方法进行讨论。

6. 在会议或者听讲座的时候，你做笔记，是否会把材料归纳成条文或图表，以便理解——

A 很符合自己的习惯；

B. 比较符合自己的习惯；

C. 难以确定；

D. 不太符合自己的习惯；

E. 很不符合自己的习惯。

7. 在看书或者学习的时候，你是否有归纳并写出学习中要点的习惯——

A. 很符合自己的习惯；

B. 比较符合自己的习惯；

C. 很难回答；

D. 不怎么符合自己的习惯；

E. 和自己的习惯相冲突。

8. 在看书学习的时候，你是否会经常查阅字典、手册等工具书——

A. 很符合自己的习惯；

B. 比较符合自己的习惯；

C. 很难回答；

D. 不太符合自己的习惯；

E. 很不符合自己的习惯。

9. 在看书或者听相关讲座的时候，对于你认为重要的内容，你是否格外注意听讲、理解——

A. 很符合自己的习惯；

B. 比较符合自己的习惯；

C. 很难回答；

D. 不太符合自己的习惯；

E. 很不符合自己的习惯。

10. 在阅读过程中遇到不懂的地方，你是否有一定要将它弄懂的信念——

A. 很符合自己的习惯：

B. 比较符合自己的习惯；

C. 很难回答；

D. 不太符合自己的习惯；

E. 很不符合自己的习惯。

11. 在看书或者从其他的方面吸取养料的时候，你是否会联系其他学科内容进行学习——

A. 很符合自己的习惯；

B. 比较符合自己的习惯；

C 很难回答；

D. 不太符合自己的习惯；

E. 很不符合自己的习惯。

12. 在阅读有关书籍的时候，对于你认为重要的或需记住的地方，是否会画上线或做上记号——

A. 很符合自己的习惯；

B. 比较符合自己的习惯；

C. 很难回答；

D. 不太符合自己的习惯；

E. 很不符合自己的习惯。

13. 对于自己不懂的问题，你是否会经常向别人请教——

A. 很符合自己的习惯；

B. 比较符合自己的习惯；

C. 很难回答；

D. 不太符合自己的习惯；

E. 很不符合自己的习惯。

14. 平时，你是否喜欢与他人讨论学习中的问题——

A. 很符合自己的习惯；

B. 比较符合自己的习惯；

C. 很难回答；

D. 不太符合自己的习惯；

E. 很不符合自己的习惯。

15. 在学习的过程中，你是否善于借鉴和汲取别人的学习方法——

A. 很符合自己的习惯；

B. 比较符合自己的习惯；

C. 很难回答；

D. 不太符合自己的习惯；

2. 很不符合自己的习惯。

16. 你是否有观察实物或参考有关资料进行学习的习惯——

A. 很符合自己的习惯；

B. 比较符合自己的习惯；

C. 很难回答；

D. 不太符合自己的习惯；

E. 很不符合自己的习惯。

17. 你是否重视学习的效果，不会轻易浪费时间——

A. 很符合自己的习惯；

B. 比较符合自己的习惯；

C. 很难回答；

D. 不太符合自己的习惯；

2. 很不符合自己的习惯。

18. 如果你在解答一道问题的时候，绞尽脑汁都不能得出答案，你是否看了答案再做——

A. 很不符合自己的习惯；

B. 比较符合自己的习惯；

C. 很难回答；

D. 不太符合自己的习惯；

E. 很符合自己的习惯。

19. 在学习的时候，你是否会制订切实可行的学习计划——

A 很符合自己的习惯；

B. 比较符合自己的习惯；

C. 很难回答；

D. 不太符合自己的习惯，

E. 很不符合自己的习惯。

你是否已经如实地回答了上面的问题？现在的你是否急切地想知道自己的学习能力怎样呢？如果你选择的有三分之二是 A，那该恭喜你，你有超强的学习能力；如果所选择的是 B、D 占多数，说明你具备一定的学习能力；倘若你所选择的答案 CE 占多数，你的学习能力便不敢恭维了。

对于自测出学习能力并不怎么强的你，是否感到有些着急？因为，在这个竞争激烈的社会，没有较强的学习能力，是难以取得更好的生存和发展机遇的。但是，你也不用太过着急。你应该清楚这一点，学习能力也和其他能力一样，并不是天生的，大部分是后天环境影响和培养而得的。上面的测试题，只不过是检测你的学习能力到底怎样，到底是在那些方面需要提高，你可以按照自测所发现的不足之处，增强自己的学习能力，适应社会发展。

提高学习能力的几种益趣游戏

社会在不断地进步和发展，知识也在不断地更新和重组，这就决定了我们需要永远不松懈地去学习新的知识和新的技能。只有这样我们才能够在竞争激烈的社会中取得良好的生存和发展机遇，才能够增强自身的竞争力，才能够让我们从平凡走向卓越，走向成功。不仅而此，良好的学习态度和学习能力还是我们提升其他能力的最坚实的基础。

“知识就是力量。”我想大家对这句话熟得不能再熟了。而在这个时代，我们还应该记住另外一句话：“学习是生存、发展的根本。”下面我就向大家讲述几个有趣的有利于学习能力提高的小游戏。

A. 超级记忆王

记忆力是学习能力的重要组成部分。“超级记忆王”的游戏便是从记忆力方面着手，加强学习能力的。游戏如下：

（1）随手拿出一本书，随手翻到其中一页，然后快速地看一遍。将书合上，找出一张纸，将自己所记住的东西记下来，看看自己能够记住多少。一遍一遍地重复，直到自己能够完全写出来为止。

（2）另外你也可以采用记忆数字的方法。就是随手在纸上写下一串数字，最好在十位以上，然后在另一张纸上写出。

值得提醒和注意的是，这种游戏没有统一固定的模式。就连

坐车和走路的时候，你都可以进行。例如，你可以记前面的车牌数字、看到的广告牌的数字和文字等。

当然，是游戏就必定有所奖惩，你可以根据实际情况给予自己适当的奖励和惩罚。

B. 问题专家

这是一种提高综合分析力、理解力的游戏。其实，确切地来说应该是一种习惯的养成方式。不同的是，你在做这些之前应该设立一个明确的奖惩标准，然后严格地遵照执行。

“问题专家”其实就是一个“怀疑专家”，对于所有的事情都用一种怀疑的眼光去看待，并且需要找出正确的答案。

C. 总结性发言

这个游戏有点像是在上学的时候，学了一篇文章之后作中心思想的归纳，但是远比总结中心思想有意思。为什么呢？它将整件事情融入到了我们日常所玩的扑克牌游戏之中。我想你一定玩过“24”的游戏。总结性发言便是在此基础上演变出来的一个游戏。说得明白一点，便是我们在扑克牌上分别贴上一些小笑话和小故事而已。玩法和“24”相同。就是将牌平均分为两叠，一人一叠。然后，谁也不看牌，顺手摸出两张。也就是在游戏者面前共有四张打开的牌，既要在极短的时间内算出“24”，又要分别用一句话概括每一张牌上故事的主要意思。

胜负与“24”相同，也就是看最后谁手中的牌数多。

你觉得上面的小游戏怎么样，是不是有可能提高你的学习能力呢？试试看！说不定以上这些有助于学习记忆的健脑体操会让你大有收益！

第七章 键盘上跳舞的手指

——完美的领导能力

要想获得成功，成为深受他人瞩目的卓越人士，你不可能是一个独行的大侠。在当今充满竞争的社会，一支高效的团队更能够使你获得成功。完美的领导能力是当今卓越人士所必须具备的能力。这种能力要求你就像是在键盘上跳舞的手指，奏出一曲成功人生最美的乐章！

正确地行使自己的权利

改变一下你的角度，不要将自己看得高他人一等。你应该清晰地知道，你和他们一样同样是公司的一员，并且，你的价值是他们所赋予的。权力也是他们所赋予你的。

在人们的惯性思维中，对于一个领导者，他们总是这样认为的：领导者便是使用自己手中的权力对下属发号施令，让下属按着他的指示去达成自己的战略目标，实现自我的目的。更有甚者说过这样一句笑话："当领导嘛，不就是摇个头、点个头、签个字、说句话吗。如果你连领导都不会当，那么你还能做什么？"

确实，这是一个非常好笑的笑话。然而，在一笑之后，难道不值得我们深思吗？难道说作为一个领导真的那么简单，一个领导者就是使用自身的权力，去行使自己的权力就够了吗？不错，既然团队赋予了领导这样的权力，他们也就有使用这种权力的权力。但是，权力的行使有很大的学问。一个领导者要真能正确地行使自己手中的权力，不仅能够使自己的工作顺利开展，也同样能使组织顺利地实现整体目标。那么，怎样才能正确地行使好自己手中的权力呢？这恐怕是令每一个领导者感到困扰的问题。前来我心理咨询诊所的哈伯特·桑治便是深深为此苦恼的一位。

哈伯特·桑治是一家文具销售公司业务部的经理。他告诉我，不知道到底是怎么了，每一次他向下属布置任务，虽然在表面上他们接受了，然而，任务是布置下去了，充其量只是布置下去了而已，并没有见到下属行动。他感觉自己有一种被架空的感觉。

他询问我是不是有办法改变这样的局面。

他向我所叙述的只是一种结果的表象。光是以这种结果，我怎么能帮他解决问题呢？我便对他说："事情并不是单方面的原因，我想你肯定也有做得不怎么正确的地方，你能够告诉我一些你工作之中的具体事情吗？"

哈伯特·桑治想了半天，最终还是没有说出任何原因。至少我没有从他的讲述中得到我所需要的信息。为了解决他这个问题，我便向他提出了一个请求，就是我能否在他的部门待上一段时间，就像是他的下属一样待上几天。他同意了。

也就是在哈伯特·桑治公司待了短短的三天之后，通过对他的观察，我记下了像下面这样一些事情：

1. 第一天

早上，让玛丽帮他买咖啡。

中午休息的时候，让赖特为他去买近期的《电影周刊》。

下午出去和客户见面。

2. 第二天

早上，忙着到公司，车子占道暂停，让亨特去帮他重新对位停车。

上午，因为工作失误，不分青红皂白，对下属进行严厉批评。

接到一个电话，然后出去，再也没有回来。

3. 第三天

早上，将玛丽叫到办公室，让她直接去见一个客户（玛丽身体有些不适），不容对方解释。

中午莫名其妙地从办公室冲出来，对全体员工莫名其妙地发一通火。

在看到这些情况的时候，我已经知道了为什么。于是，在哈伯特·桑治再一次来到我办公室之后，我说："你并没有学会正确地使用手中的权力，所产生的一切都是这个造成的。"说这些话的时候，我将记录了那些内容的纸递给了他。

哈伯特·桑治扫了一眼纸上的内容，疑惑不解地看着我，问道："这有什么关系吗？"

"你说呢？"我反问道。

他将头摇得像拨浪鼓一样，说道："我觉得没有多大的关系！"

望着不解的哈伯特·桑治，我微微一笑，说道："真的没有关系吗？难道说玛丽帮你买咖啡，亨特帮你停车，赖特帮你买《电影周刊》是他们分内的工作？"

哈伯特·桑治变得有些不好意思起来。

"即使你可以说是让对方帮一下忙，可是，难道你就不用说上一句谢谢吗？还有玛丽的身体有些不舒服，你应该考虑到这种情况，可以让其他人去，还有就是在短短的三天之内，你就无缘无故地发了两次脾气。你认为这一切你做得正确吗？"我问他。

他仿佛意识到了这一点，变得更加不好意思起来。

我接着说道："其实，你所犯的是大多数身处领导职位的人所常犯也极易忽视的一个问题。虽然你身在领导者和管理者的职位上，赋予了你可以去指示和命令下属的权力。然而，值得注意的是，给予你的这种权力，是为了让团队更好地向整体目标迈进。并不是让你通过手中的权力，让他们为你一人服务。如果你把这种权力当作是指示他人为你服务的话，你就必定会产生像你所说的有一种被架空的感觉！转换一下角度，倘若你面对的是这样一个上司，你又会怎样去想呢？”

我的话说完了，哈伯特·桑治脸红得就像是煮熟的螃蟹一样，羞愧得抬不起头来。直到过了好半天，他才问道：“那么，有什么办法改变现在这种状况吗？”

“转换一下角度，不要将自己看成是高他们一等的。你应该清晰地知道，你和他们一样是公司的一员，并且，相对来说你的价值是他们所赋予的。权力也是他们所赋予的。学会正确地使用自己手中的权力，一切为了共同的利益，团队整体的目标。”

哈伯特·桑治走了，带着感激之情走了。也就是在几个月之后，他再次来到我这儿的时候，一见到我便说道：“您说的一点都不错，我按着你所说的去做，果然，局面大为改观，让我和员工们之间的气氛变得融洽起来。”

“我跟你说了什么？我好像并没有和你说什么。”我故意笑着反问道。

“你让我学会了亲和力，并懂得了怎样使用手中的权力！”

“我好像并没有对你说什么。”

“你不是说让我在决定做每一件事情之前，都要考虑一下是不是为了公司部门的共同利益和整体目标吗？”

我笑了，没有说什么，为哈伯特·桑治所取得的成功开心。

让下属能够看到未来的希望

一个具有杰出的领导能力的领导者和管理者，在团队之中所扮演的是协调的角色，更是一个为了实现目标发起战斗的号角的

吹奏者。

作为一个有着杰出领导能力的团队领导者和管理者，在很大的程度上并不是依靠自己手中的权力来发布命令，而是通过自身的魅力去建立威信，获得他人的认同，从而促使团队成员向着一个共同的目标奋进。也就是说一个具有杰出的领导能力的领导者和管理者，在团队之中所扮演的是协调的角色，因为，领导者和管理者的最大权力，就是让团队的成员不遗余力地为了共同的目的而使出全身的能量。那么怎样才能够做到这一点呢？

“把下属放在希望的田野上，让他们看到美好的发展前途。这才是一个领导者和管理者真正要做的事情。”亨特·瑞恩，曾经光顾过我心理咨询诊所的一家机械制造厂的老板，是这样评价一个杰出的领导者和管理者的。并且，他认为，作为一个领导者、管理者，要想使自己的企业得到很好的发展，在企业发展的同时实现自我的人生价值，走向成功，这便是唯一的方法，这也是有没有领导能力的表现之一。

对于他的这种观点，我曾经有过疑问，虽然我隐隐约约地觉察到，这才是一个领导者所应该去做的事情。可是，我总是难以真正地认识到其中的好处。亨特·瑞恩给我做了进一步的解释。他问我：“你成立公司的目的是什么？”

“当然是为了更好地发展自己的事业！”我回答道。

“那么，你的下属来你的公司工作呢？”

“这个就很难说了，也可以说他们是为了薪水来的，也可以说他们是为了实现自己的人生价值来的。”我犹豫了一下说道。

“那么，你知不知道马斯洛的人类的五种需要层次？”

“不就是生理需要、安全需要、社会需要、尊重的需要、自我实现的需要吗？”

“你认为这五种需要层次是不是很有道理？”

“当然，我经常就拿这五种需要层次去分析和帮助别人。”

“其实，将下属放在希望的田野上，便是在不同层次地满足员工的这五种需要。在我们每一个人的心中，即使是最普通的人，他们都同样想得到他人的承认，实现自身价值，说得更加明白一点，就是每一个人都希望自己有一个好的发展前途。人是不甘平庸的。如果你将下属放在希望的田野上，让他们看到未来的希望，然后，你通过宏观调控，只要他们不偏离公司整体发展的目标。你想想，他们能不尽心尽力地为公司奉献出应有的力量吗？”

亨特·瑞恩的话讲完了。他让我看到了一个真正的领导者、管理者的智慧，也让我想起了一个与之相关的故事。那个故事是我在一本书上看到的，故事大意是这样的：在南部的海滨城市有这样一个老渔民，打鱼很有一套。于是乎，远近的一些小伙子都慕名向他讨教打鱼的技术。老渔民是一个非常慷慨的老人，毫无保留地将打鱼的知识告诉了他们。然后，领着他们出海打鱼。可惜的是，他们在海上整整忙碌了三天，连一条鱼都没有打捞上来。于是，那些年轻人感到气馁了。对于老渔民所教的打鱼知识产生了怀疑。然而，老渔民并没有气馁，仍然鼓励那些已经气馁的年轻人说：“快撒网，这一次你一定会捕捉到很多鱼的。”然而，这些年轻人大部分已经不再相信老渔民了。只有其中一个小个子年轻人试探地撒了网，果然，这一次，网上了许许多多的鱼。所有的年轻人在一刹那间变得骚动起来，一个个撒下了网……这一

次出海，每一个年轻人都满载而归，对于老渔民更加佩服了。可是，又有谁知道，那个老渔民却说出这样的一句话来："其实，我也不知道真的有鱼群经过，我给这些年轻人的只是一种希望而已！"

在我刚刚读到那个故事的时候，我并没有想那么多。仅想到的是，人生活在这个世界上就要心中存有一个理想、一个希望。只有这样才能活得很好。但是，经过亨特·瑞恩的一番叙述，我才明白了。原来，作为一个杰出的领导者和管理者，同样也应该把下属放在希望的田野上，让下属能够看到未来的希望。这样想来，那位老渔民应该算得上是一位具有杰出领导能力的领导人啦！

公正地对待每一位下属

作为一个企业的领导者，具有杰出领导能力的人，对待自己的下属，真的就应该像是对待绿叶和花儿一样，千万不要凭着自我的好恶而区别对待。

不管你是谁，是跨国公司总裁，还是一个普普通通的公司职员，你不能否认在心中对不同人会存在不同看法，存在着好恶之分。这种存在于心中的对不同人的不同看法，对于一个普通员工来说，所造成的结果只是影响到自己与他人的人际关系，危害还并不怎么明显。但是，如果这种对他人存在好恶之分的情绪在一个公司领导的身上出现的话，不仅仅会不利于人际关系网络的建设，同样，还不利于工作的开展，会使得身上所具有的领导能力大打折扣。小则会给团队带来不必要的损失；大则会使得整个团队因此而走向灭亡！默德·海森的故事能让我们引以为戒。

默德·海森是一家中型企业的领导人。他之所以来到我的心理咨询工作室，和大多数人一样是带着一点问题，希望我能帮他解答的。他要我帮助他解答的是为什么身为企业最高领导人的他，并不能获取下属对他的拥护和爱戴，为什么有很多下属对他有一种敌视的态度。在他向我讲述这个问题的时候，说真的，在我的脑海之中就像是条件反射一样想起了以前哈伯特·桑治的事情。我以为他之所以出现这种问题，原因和哈伯特·桑治的一样，都是因为不能够正确行使自己的权力。然而，当我将对哈伯特·桑治所说的一套告诉他之后，他一个劲儿地摇头，说："不，我从来没有这样，我一直注意这些。"

那么，到底是什么造成了这种局面呢？我感到有些好奇，便询问他，然而，他并不能告诉我一个确切的理由。为了帮助他解决这个问题，我便采用了上次在帮助哈伯特·桑治时所使用的方法：亲自前往他的公司。

有很多事在说的时候是很难说清楚的，只有亲临其境才会有一种深切地体会，才能够真正地把握事情的命脉，找到问题的关键。也就是在我到默德·海森公司以后不久，便已经完全了解了到底是什么导致了这样的局面。

"你想知道到底是为了什么吗？"我问默德·海森。

默德·海森不解地摇了摇头。

"一切在于你自己！"

"在我自己？"

"是的，在于你自己！你不能够很好地控制自己的情绪，将心中一切好恶都没有任何隐瞒地表现出来，因为觉得某个人好便

对他表现得比其他人好，如果觉得某人不怎么理想，哪怕是对方做得很好，你也同样会认为对方不对。你不能站在一个公正的角度公平地对待每一位下属。”

我说出了问题的关键所在，然而，默德·海森并不承认，认为自己并没有这样做。

“旁观者清，当局者迷。”我笑了笑，便将这些天所看到的事实告诉了他。其中最典型的就是他对汤姆和杰克的不同态度。汤姆和杰克是依照默德·海森的吩咐去和不同的客户交涉业务的。然而，那一次他们同样都没有按预期的目的完成任务。因为汤姆一直是默德·海森所看好和欣赏的人，默德·海森对他鼓励一番。而杰克呢？因为默德·海森向来就有些看他不怎么顺眼，便不问青红皂白一顿严厉批评。

“那是我根据他们的工作能力所采取的不同方法。”默德·海森狡辩道。

“或许是吧！这是你所采取的独特工作方法。可是，你有没有考虑到这件事情会带来什么样的后果。在这儿，我不评论你所采用的这种方法是否正确。如果你有兴趣的话，听我讲一个故事怎么样？”

默德·海森只是看了我一眼。

“有一个十分喜欢养花的人，他特别喜欢郁金香。有一次，他从花市上购买了一盆绝好品种的郁金香，便像是宝贝一样珍惜它，尽心尽力地伺候着它，希望有一天能看到美丽的花朵。终于，有一天花开了。看着美丽的花儿，再看看旁边的绿叶，他心中有一种说不出来的别扭的感觉，认为那些绿叶有碍于花的美丽，便拿起剪刀将旁边的绿叶剪掉了。但是，剪掉了那些绿叶之后，他又觉得其他的绿叶同样有损于花的容颜。最后，他将整株花的叶子都剪掉了，只剩下了孤零零的一朵花。在这个时候，他才猛然间发现自己做错了，那朵花儿，看起来比原来还要差，并且没过多久那朵花儿也枯死了。”故事讲完了，我看了一眼默德·海森，问道：“你觉得那个人怎么样！”

“他违背了自然规律，并没有想到花儿之所以好看在于绿叶的陪衬，并且绿叶也提供了花儿开放所需要的养料。”默德·海森如此说道。

“如果你是那个养花人呢？你怎么办？”

“我是不会去剪掉绿叶的。”

“可是，实事上你已经剪掉了绿叶。”我说道。

默德·海森的眉头不由得拢在了一起，好像明白了我说故事的意思。他说道：“你是不是说我对待下属，也要像对待花儿和绿叶一样，应该一视同仁，不要有所区别。”

我点了点头。

默德·海森终于好像明白了什么，十分感激地握着我的手说了一声谢谢，之后告辞了。

望着默德·海森离去的身影，我在想，作为一个企业的领导者，具有杰出领导能力的人，对待自己的下属，真的就应该像是对待绿叶和花儿一样，千万不要凭着自我的好恶，而区别对待。因为，作为一个整体，团队就像是一盆花树，也就难免有良莠之分，工作能力也会高低不同。倘若我们只是看到“花儿”而看不见“绿叶”，那么必定会使得这株花树不能够正常地生长。因为“花儿”有“花儿”的作用，“绿叶”也有“绿叶”的功效。

说到就要做到

领导能力是领导人格魅力的最直接体现。你要始终记住这句话。这就要求，你在平时说话的时候，要经过一番思考。要绝对做到：言出必行，行必果！

任何一个人都喜欢说话算话的人，喜欢守信用的人。兑现你所说的话，是对一个领导者最起码的要求，也是领导能力的主要表现之一，同样也是领导者树立自己的威信、获得下属爱戴的基础。对于想成就自己一生伟业的你来说，便应该多在这上面修炼。也就是在写到这儿的时候，我突然想起了从某一本书上所看到的一则较有意思的小故事。在这儿我不妨和大家分享一下，或许大家能够从中得到一点启示。

故事说的是在一家不大不小的公司里面，有这样一个老总，一天到晚总是喜欢向下属许诺。例如，如果这次事情成功了，我会整体给你们提薪的；加一下班，工作完成了我请大家好好地吃一顿……像这样的空头许诺他不知说了多少。在开始的时候，手下的职员信以为真，充满了激情和干劲。慢慢地当他食言多了之后，便没有多少人理睬他了，完全不把他的话当回事儿！又有一次，因为任务着急，他为了能够让员工留下加班，又故伎重施，说："这次大家帮一下忙，我一定会好好地慰劳大家一顿，一定涨薪！"

可是，无论他说得怎么动听，都没有人理睬他，各自找借口开溜，把他晾在了一边。不过还好，有一个人留了下来，这是刚刚进公司没有多久的新员工。他心中一阵激动，紧紧地抓住那个留下员工的手，说："你放心，只要你能够留下来帮我抢完这批活儿，我一定给你加薪，一定请你好好地吃上一顿，吃海鲜。”

新来的员工迟疑了片刻，这才试探性地问道：“我想问一下，海鲜打捞上来了没有？”

这位老总一愣，在还没有反应过来的时候，那位新来的员工已经走了。

“海鲜打捞上来没有”，你是否觉得这位新来的员工所说的话，让人觉得有些好笑？确实，听起来真的有些好笑，然而，在笑过之后，难道不会令我们感到一些遗憾和伤感？难道，这不就是一些企业的领导阶层经常犯的毛病吗？可惜的是，他们并没有意识到这一点，意识到因为自己的言行不一，所带来的让他们威信下降、得不到下属拥护和爱戴的后果。他们更加没有意识到，因为自己所说出的话，没有兑现，而使得工作难以开展。上面给大家所讲述的是一个杜撰的故事，可能难以令人信服。我想菲利·济慈给我讲述的一个真实的故事，或许能够令你警醒。

菲利·济慈和我讲述这件事情的时候，是在一个阳光明媚的早上。他说这个是在我对他讲述上面的故事后引起的。当我将那个故事说完之后，他对我说道：“其实，像你所说的事情多的是，我就认识这样一个人。”菲利·济慈所说的事情主人公叫马隆，是波士顿一家很有名的企业的老总。也就像上面那个老总一样，喜欢给员工开空头支票，以致公司员工的流动性特别大，使得企业一直没有能够发展壮大。

像上面笑话之中的老总和菲利·济慈所说的马隆，在我们的现实生活之中确实大有人在。这不仅是一个人领导能力缺陷的问题，也是阻碍整个团队持续发展的重要因素。对人们的心理有强烈研究兴趣的我，对这个问题产生了浓郁的兴趣。总想弄清楚到

底是为了什么、到底是因为什么才让领导者有了这种心理。通过翻阅大量的资料，以及和一些人的接触，最终我找到了答案。造成他们这种心理的原因，主要还是他们的心态。大量的事实表明，当他们说出这些话（向下属许诺）的时候，是在一种特殊的情况下说出来的（为了达到一个目标，需要激励士气），并没有经过深思熟虑，脱口而出。而时过境迁，他们可能真的忘记了自己曾经说过的话，虽然有的时候偶尔记起，但是事情已经过去了很久，没有人提起，也就算了，或者是事后仔细回想起来，觉得如果真的按所说的去做，又有些不值得，也便装作是忘记了。不管怎么说，追究其真正、具体、本质的原因。还在于他们把自己放在一个领导者的位置上，认为自己要比普通的员工高出一等。反正自己是领导者，自己即使说话不算数，下属也不敢说什么。但是值得提醒注意的是：难道下属真的不会说什么吗？即使他们不说什么，谁又能够确保他们心中没有一定的想法呢？你将会在他们的心中留下什么样的印象，是不是会使自己在以后的言语力量打折扣呢？

领导能力是领导人格魅力的最直接体现。你要始终记住这句话。这就要求你在平时说话的时候，要经过一番思考。要绝对做到：言出必行，行必果！

干工作也要考虑下属的感受

不忽视下属的感受，从客观角度去对待下属，对待员工，这是每一个具有超强领导能力的领导者所遵循的准则。也只有这样，他才能够很好地发挥自己的作用，通过全体员工的努力，达到他的目的，实现他的人生目标。

作为一个拥有杰出领导能力的人，一个优秀的领导者，就像是卡耐基、拿破仑·希尔、威尔逊、松下幸之助等被众人推崇的商界杰出人物，从他们的身上，我们不难看出，他们每一个人都是那样的平易近人，绝对没有像我们所想象的那样是一副严肃和刻板的脸。因为他们知道，他们之所以是领导，之所以有着手中的领导权力，都是他们公司全体员工所赋予他们的。他们更加清楚地知道其价值、人生目标是通过员工才得以实现的。因此，在工作中，他们都是站在一种客观的角度，从来不会去忽视下属的感受。

不忽视下属的感受，从客观角度去对待下属、对待员工，这是每一个具有超强领导能力的领导者所遵循的准则。也只有这样，他才能够很好地发挥自己的作用，通过全体员工的努力，达到他的目的，实现他的人生目标。在这儿，我还是向你讲述一件我亲身经历的事情吧！

在我所居住的街道，有一家叫作“天使之屋”的超市。这家超市虽然算不上很大，但是，它给生活在我们这条街道上的居民带来了极大的便利。我也是这家超市的老客户，经常上那儿去买一些咖啡、素食食品之类的东西。也就是在一个星期天的早上，我就像往常一样走进了这家超市，买了一袋吐司面包和几片香肠。当我拿着这些东西走出超市的时候，我猛然间发现吐司面包是昨天的。于是，我便转身回去，要求售货人员帮我换一下。令我奇怪的是，往常对待顾客非常客气的售货员，不知道怎么的，变得十分冷淡，对于我的要求爱理不理。这是我从来没有想到的事情，就和这位售货员争论了几句。就在这个时候，超市的经理走了出

来，在问明了情况之后，并没有责备那个售货员半句，而是一个劲地向我赔礼道歉。

这个超市的经理叫作罗伯特·哈特。那一次的事情给我留下了很深的印象。说真的，在那个时候，我竟然误认为那位态度不好的售货员是不是和他有什么关系。直到一次偶然的机会，我和他认识了之后，在好奇心的驱使下，我又问起了那天的事情，问他为什么在那个时候会那样对待售货员，因为一般的上司在遇到这种事情的时候，一定会将下属骂得狗血淋头，而他没有。

罗伯特·哈特在听了我的话之后，变得有些不好意思起来。他笑了笑，说道："说到那天所发生的事情，真的有些不好意思！那天那位售货员因为家里出了一件不幸的事情，心情不怎么好……"

"如果真的有什么不对的话，也是她不对啊！也用不着你道歉。"

"不管怎么的，她也是我的下属。"

"对于任何一个下属你都这样吗？"

"当然啦！怎么也要考虑一下下属心中的感受啊！否则的话，一味地按自己的规则行事，他们怎么会感受到自己的存在，他们又怎么会配合你的工作呢？"罗伯特·哈特感慨说道。

"你是一个绝对不错的领导者！"我由衷地夸奖道。

"是吗？我怎么没有感觉到。"罗伯特·哈特微微地一乐。

与罗伯特·哈特的交谈到这儿就结束了。也就是因为这一次的交谈，我想起了很多，关于一个团队的领导者是不是应该站在客观角度去对待下属，是不是不应该忽略下属的感受。那么，站在客观角度去对待下属，不忽略下属的感受是不是领导能力的一种体现呢？不管我的心中存在什么样的疑问，我都觉得，其原因很简单，因为作为一个具有杰出领导能力的人或者领导者来说，他们实现自身价值、获得成功的途径便是让团队之中的每一个成员，发挥自身的能力去为团队创造价值。

不忽略下属的感受，绝对是每一个的领导者杰出领导能力的重要体现之一。你想想，如果作为一个领导者仅仅是凭借着自我的观点和意识，完全不考虑他人的想法和感受，又怎么能够让下属自动自觉地按着你的命令指示去行事，为团队的效益而奉献出自己的能量呢？就像是在日常生活之中你往水杯里面接水，你只会将水杯放在饮水机的下面，让水杯去就饮水机，而不是让饮水机去就水杯吧！作为团队的领导者，你应该记住，你在团队之中的位置是水杯，而不是饮水机，饮水机是团队之中的每一个成员。你要想使自己的水杯中接满水，便要让自己接近饮水机，而不是让饮水机接近你。

不忽略下属的感受，是领导能力的一个突出体现，也是领导的艺术。它不仅要求你在生活之中去关怀下属，就是在工作的时候也要替下属考虑一下。

让下属说出心里话

应该说作为一个杰出的领导者，同时应该是有着非凡的领导能力的人，他们不仅是管理艺术家，也是沟通艺术家。

让下属说出心中的话，是一个开明的领导者身上所表现出来

的优点，也是杰出的领导能力的重要表现。让我将这一点放在领导能力这一章节，源于我从报纸上所看到的一则新闻。我认为很有必要在这儿向那些想成为杰出领导者的人士和已经是领导者的人士做一个提醒。

菲戈尔是那则新闻的主人公。他是某家公司财务部的职员。有一天，他带着账本到总经理办公室去汇报工作，因为来得过早，还没有到上班时间，在总经理办公室外间的办公室里，一些同事在闲聊，于是菲戈尔也加入了他们中间。由于椅子不够坐的缘故，他便坐在于旁边的一张办公桌上。但是，没有想到的是当他刚刚坐上去的时候，他壮硕的身体使垫在桌上的玻璃破碎了。于是，他便连忙收拾。不巧的是在这个时候，总经理从外面走了进来，看到这种情况，便严厉地批评了菲戈尔一顿，然后要他去重新配上玻璃。

菲戈尔离开了那间办公室之后，正要去找一家玻璃店镶嵌桌子上的玻璃，突然间想到自己的桌子上不是有一块吗？反正已经损坏的玻璃只是在角落处发生的断裂，凑合一下子可以用。为什么不将自己的玻璃和这块破的玻璃换一下呢？他这样想也这样做了。世界上有很多事情是没法说清楚的。过了几天之后，总经理走进了财政部，一眼就看到了垫在菲戈尔桌子上的玻璃，也不容菲戈尔解释，又是一通批评。菲戈尔想说什么都被拦了回去。当总经理怒气冲冲地走了之后，菲戈尔一气之下便重新到玻璃店划了一块崭新的玻璃，垫在了桌子上，心想现在总没有什么可说的了吧！然而，当他看到放在旁边破裂并不怎么厉害的玻璃之后，心中又有些舍不得，心想将它划成几个小块，拿回家不是一样有用吗？于是，他将那些玻璃划成了四四方方的两块，并且在下班的时候用报纸包好夹着向外走去。没想到恰好又碰到了总经理。总经理一看到菲戈尔，又大声地冲着他说道：“菲戈尔，你到底是怎么啦？你怎么将公司的东西往家里拿……”同样，他不容菲戈尔解释，绝对不给菲戈尔开口说话的机会，又是一通批评。

菲戈尔嘴唇在不住地抖动着，竟然晕倒当场。事情发生后，总经理将他送到了医院，抢救过来的菲戈尔一见到总经理便说道：“你让我说一句话行吗？”

这则新闻看起来确实有些好笑，只不过是一块小小的玻璃，便使得一个人被气晕送到医院去抢救。或许，在看完这则新闻之后，你会觉得这位总经理也太过武断。如果他问清楚事情原委，便绝对不会有这样的事情发生。或许，你认为菲戈尔是自找的，因为他所做的一切都违反了公司中的一些潜规则。我们不去追究这些。我所要问的是，如果你是那位总经理呢？你仔细地想想，你在处理很多事情的时候，是不是也和那位总经理一样，毫不体会下属的感受，不给下属任何解释的机会，而是按着自己心中所想的，想当然发表自己心中的建议呢？

确实，在现实生活中，在工作之中，我们常常犯和上面哪个总经理一样的错误，站在自我的立场上，想当然地对他人做出不切实际、毫不公平的判断。自以为是地认为自己是对的，因为自己是领导，那么对下属便有着绝对的权威。其实这是一种绝对错误的念头，也是对领导手中权力的一种误解，当然，也严重地阻碍了自我领导能力的发挥，成为自我成功的最大障碍。应该说作为一个杰出的领导者，有着非凡领导能力的人，他们不仅是管理

艺术家，也是沟通艺术家。因为在很多时候，要想使工作顺利地开展，首先需要拥有一个绝对和谐的气氛，另外，还要使得下属乐意，并且能够领会到你的真实意图。也只有这样才能使工作更加有利于开展。就像是我们平常谈话时一样，在我们的言谈之中总会存在一定的“领会误差”。“鸡肚不知鸭肚事”使得双方不能够明确地了解到对方的意思。作为一个领导者要想使自己的工作顺利地开展，那么，就必须要减少这方面的“领会”误差，让双方都能够明确地了解对方的意图，这才是最重要的。这也是一个领导者急需要做的事情。如何减少这方面的“误差”呢？就是要允许下属把话说出来，特别是要让下属说出心里话，能与下属有一个良好的沟通，化分歧、误解为共识，以达成步调上的合力。

领导要具有宏观调控的能力

一个杰出的领导者，不仅是一个社交家、演说家，同样应该是一个战略家。

一个拥有杰出领导能力的人，不仅能够很好地调和自己与下属、下属与下属之间的关系，以亲和力、协调力、向心力激发下属的士气；同样，他还是一个具有宏远的目标、对整体进行很好的调控的杰出人士。这种宏观调控，可以说对一个团队的生死至关因素。也是他们成功的一个决定因素，一般来说，拥有杰出领导能力的人，有着敏锐的目光，能够发现机遇，及时地让整个团队走向成功，并且实现自我价值。

领导能力可以说是数种能力的综合。一个杰出的领导者，不仅是一个社交家、演说家，同样也是一个战略家。我们现在所熟悉的麦肯锡、卡耐基、威尔逊等杰出人士的成功，在很大程度上，不仅在于他们拥有杰出的调控下属员工的技巧，更重要的是他们的眼光和对整个企业的发展有着宏观的把握。

罗尔斯顿·佩格这个从波士顿前来寻求发展的异乡小伙子，之所以能够取得今天的成就，主要是因为他身上的杰出领导能力和对整体有很好的宏观调控。罗尔斯顿·佩格是和几个同龄人一块儿到纽约的。在开始的时候，他们一块儿集了将近10万元的资金，在一条国道边开了一个规模不算小的快餐店，主要为那些司机解决饮食方面的问题。由于这条线上从来没有过像这样的快餐店，一开张生意就显得异常的好，一个月下来，他们就将所有的投资都捞了回来。面对这样的局面，其他的同事觉得里面大有利润可赚，于是一致要求扩大店面。而罗尔斯顿·佩格提出了截然相反的建议，他认为现在的店面已经完全满足了顾客的需求，再扩大店面是不明智的选择。也就是在这个时候，他考虑是否能够在其他类似于这样的地方开设几家分店呢？通过一段时间的实地考察，确实肯定了这样去做绝对会大有市场，会给他们带来更大的效益。于是，他便做了一个长期的发展计划，按着计划去填补一些路上的空白。也就是这样，在短短的几年之内罗尔斯顿·佩格所开设的快餐店出现在了不同的路口，为他带来了巨大的经济效益，也使得他迈步走向成功。

确实，对一个领导者来说，对整个事件的宏观控制是他们身上杰出的领导能力的表现，也是他们走向成功的必要因素之一。因为，作为一个领导者，他们通过自身的领导能力，使得团队成

员朝着他们预先所设计的目标前进，在实现团队整体利益的同时，实现自身的价值，借助整体的成功而使得自己迈步走向成功，从平凡走向卓越。我们要知道的是，团队是领导者实现自身价值的一个重要工具。而领导者要想实现自身的价值，并不是一个人的事情；而是通过团队所要达到的。这是一个集体。也正因如此，领导者不仅要求很多人步调统一，还要使整体的成员能够按着同一个方向前进，就像是一支利箭射向靶心。

领导能力之中的宏观调控，主要就是对发展目标与具体现实情况的卓见和准确得当的全局调控，使得目标能够更加顺利地实现。

【延伸阅读】

重振“美洲虎”雄风的约翰·伊根

爱车族及对车有一定了解的朋友，恐怕没有不知道“美洲虎”这一品牌的。这款英国制造的世界名牌轿车，使“绅士们爱‘美洲虎’胜过爱‘维纳斯’”，早在20世纪50年代，便享有车中极品的声誉。在勒芒24小时车赛中，它曾经连续5次获得冠军，在世界汽车市场上颇有竞争力，是一款深受广大车迷所喜爱的轿车。但是，“美洲虎”的发展并不是一帆风顺的，在20世纪70年代初，由于美洲虎汽车公司人事调整，汽车质量一落千丈，销售量一年不如一年。到了1979年，年销售量连10年前的一半都达不到，仅1.5万辆。当时，在汽车消费者中流传着这样一个笑话：“倘若你有一辆‘美洲虎’的话，最好再准备一辆同款型的，因为，只有这样才能够凑齐零件，使其中的一辆成为名副其实能够跑起来的车。”

“美洲虎”从一只雄踞世界车坛的“猛虎”变成了一只“丧家之犬”，随时随地都会被竞争激烈的市场所淘汰。为了扭转这种面临破产的局面，公司一连换了六届总经理，但是仍然没有人能够改变现状，使得“美洲虎”重振虎威。看来“美洲虎”的辉煌要成为一段令人遗憾的往事了。正当人们对“美洲虎”失去信心的时候，一个叫作约翰·伊根的人出现了。正是这位精明强干、具有超强领导能力的人，像一只头羊带领着“美洲虎”的全体员工走出了困境，拯救了这只垂死的“美洲虎”，让它重新在竞争激烈的汽车市场占据了一席之位，重新能够呼啸汽车市场的“丛林”。

约翰·伊根在到美洲虎汽车公司之前，先后在巴林石油公司、大不列颠通用汽车公司工作过。在巴林石油公司工作，是约翰·伊根从皇家地质工程学院毕业之后的第一份工作，在那里工作的5年时间，让他积累了相当丰富的管理经验。但是为了自己的未来，他离开公司，去伦敦商学院读硕士生。1968年，他拿到了硕士学位后就进入了大不列颠通用汽车公司，并且在财务主管手下就职。在这段时间里，因为所接触的大多是估计成本、制定价格和考虑赢利计划的工作，大大地提高了管理能力之中对企业宏观控制的能力和运用工程技术方面的技能。也就是，因为在实际的工作中锻炼出了超凡的管理能力，使得他在就任美洲虎汽车公司的总经理之后，能够使用有效的策略和手段，在最短的时间内重振“美洲虎”的雄风。

说到约翰·伊根怎么会成为美洲虎汽车公司的总经理，其实中间还有一段小插曲。在约翰·伊根在大不列颠通用汽车公司就任德尔科自动控制零件部门的主管，并且取得巨大成功之后，英国兰利汽车公司（也就是后来美洲虎的制造厂家）一个分部的财务负责人约翰·巴伯找到了他，并且邀请约翰·伊根前往兰利公司就职。

约翰·伊根同意了，来到兰利汽车公司之后不久，他就发现公司在战略管理上存在许多问题。起先在他就任美洲虎配件生产和整个配件部门销售主任的时候，便利用一切机会，把他从通用汽车公司学到的管理知识用上了，使得他负责的部门成为整个公司创利最高的部门，成了公司的一张王牌。突出的工作能力，让他很快便升职为总公司配件服务部主任，下属部门大约有1万人。

在1966年，英国政府为了创建一个在国际上具有竞争力的大型统一汽车生产集团，推行了“赖德计划”。没想到就是这个计划导致了一场灾难。美洲虎汽车公司与兰利汽车公司合并，并成为兰利汽车公司下面的一个子公司。合并以后，公司上层管理混乱，产品质量明显下降。虽然约翰·伊根所负责的部门仍然能够创造高额的利润，但是都被其他部门消耗掉了。在1976年约翰·伊根怀着沮丧的心情，离开了兰利公司，又去了一家美国公司工作，担任这个公司销售部主任兼欧洲业务协调人。但是，他仍然难以忘记自己曾经奋斗过的兰利汽车公司，一直想寻找机会，挽救“美洲虎”的命运。

当1980年上半年，美洲虎汽车公司已处于倒闭的边缘时，兰利公司新任董事长迈克尔·爱德华兹找到约翰·伊根，问他愿不愿意担任美洲虎公司总经理。虽然约翰·伊根很想为“美洲虎”贡献一份力量，但是对自己能否扭转公司命运感到信心不足。正当他打算回掉这个聘任时，一件事使他改变了主意：在他驱车经过考文垂旗帜路时，看见一群孩子在路边玩耍。他想，如果没有人对英国的汽车工业做出点什么贡献的话，这些孩子将来会怎样？他们总不能靠救济生活吧？于是，他决定接受迈克尔的邀请，他发誓，要使美洲虎公司恢复成一个独立经营的企业。伊根便是带着对美洲虎汽车公司工人强烈的同情来上任的，当他走进公司之后，第一感觉就是到处弥漫着一种无可奈何的消极情绪。他深深地感觉到要想使“美洲虎”重新呼啸车坛丛林，就必须提高生产力，改进汽车的可靠性能。

首先，约翰·伊根检查汽车设计的效率，核查美洲虎汽车公司下属厂家的产品是否合乎公司的标准，结果是那样让他震惊：汽车零部件中至少有 150 项缺陷，700 种产品有 60%的质量问题出在那些供应零件的厂家。针对这种局面，约翰·伊根毫不客气地对供应商们说：“如果有福同享，那么有难也要同当，做不到这一点，谁也别想和我们签订供货合同。”他把达不到标准的产品一律退回去。这种策略实施了一年，使得产品的质量大为改观。

在紧抓产品质量的同时，为了提高整个团队成员的士气，增强团队的凝聚力和竞争力，他发动了一场类似福音派新教会改革的运动，恢复企业员工在前 10 年丢失的追求优质水平的信心。另外，他还采取了一系列整治办法，唤起公司和工业界的注意，提出了：“美洲虎公司并不会因承认质量很差而失去什么，关键是现在要扭转这种局面。”

到1983年6月，公司经约翰·伊根大力整治，销售量奇迹般地回升，社会上对美洲虎汽车的需求大增。美洲虎汽车公司重新站立起来了，并且在股票市场上成了一个独立的公司。它的股票发行时价格很低，但不到两年，就翻了两倍，成了华尔街最看好的英国股票之一。美洲虎汽车公司的大部分雇员手中都握有公司的股票，他们也都跟着一起富起来。而兰利公司也从中获取了巨额利润。但是作为一个具有杰出领导能力的领导者和管理者，约翰·伊根知道要想使得“美洲虎”永远能够咆哮世界“车林”，还得提高工人的技术水平。于是，他便创办了“开放学习中心”，让他的雇员们用业余时间参加各种技术学习。另外，约翰·伊根还清晰地意识到，要想使得美洲虎公司有更好的发展，还必须建立一个阵容强大的销售网。在他的这种理念的指导下，美洲虎公司挑选出一些经营商完全经营美洲虎牌汽车，建成了一个专营网络。

在约翰·伊根的经营下“美洲虎”终于又重振昔日的雄风，在欧美市场上销量直线上升。作为一个拥有杰出领导能力的管理者，同样是一个具有长远目光的战略家，在这个时候，他又把目光转向新产品开发上，拔资2亿英镑，研制xJ40型美洲虎车。因为他清楚地意识到，在20世纪剩下的时间里，公司的命运将取决于这种新车型。

现今，美洲虎汽车公司的产品质量和设备，在英国同行中是最先进的。其实力可以与生产最好汽车的德国、日本、美国一些著名制造厂商并驾齐驱。

超强的领导能力，使得约翰·伊根拯救了“美洲虎”的命运，也为他取得了事业上的成功，使得他走向了卓越。在英国人民的心目里，他就像是捍卫英国工业尊严的英雄。

【阅读评语】

在现在急需要合作的年代，我们知道仅仅依靠一个人的力量是很难获取成功的。这便决定了现代社会之中，有很多人聚集在一起，为了某一个共同目的而组成团队。在这个团队之中你所担负的是什么样的角色呢？倘若你是团队中的领导者，你是否拥有很好的领导能力，能够组织和管理好你团队之中的每一位成员，为实现共同的理想和目标而前进呢？这都是由你身上所具有的领导能力所决定的。它不仅关系到你所在的团队能否在竞争激烈的社会中取得很好的生存和发展机遇，同样也关系到你自身价值实现的成败。即使你不能成为团队之中的领导者，具有完美的领导能力也是你能够在社会之中取得成功和从平凡走向卓越的动力和资本之一。

在当今社会中，你千万不要把领导能力仅看成是领导者所应该具有的能力，要想获得长足发展，领导能力对于你来说也同样重要。谁能保证在下一秒你不会是一个杰出的领导者呢？那么，在平时，你为什么不注意对自己领导能力的培养呢？要想获取成功，成为深受他人瞩目的卓越人士，你不可能是一个独行的大侠，在现在充满竞争的社会，通过一支高效的团队更容易获得成功。完美的领导能力是现今卓越人士所必须具备的能力。

【自测与游戏】

领导能力自测

在今天科学技术高度发达的社会，社会分工越来越细。在生活中人们越来越离不开集体，离不开团队组织。团队不仅是人们工作的地方，也是人们赖以生存和发展的依据。在现实生活中，我们不是看到，有很多人为了实现自己的价值，使自己从平凡走向成功，而组成了团队吗？可以说，社会发展到现在这种地步，作为一个团队的领导者来说，良好的领导能力能够使他的团队走向成功，并实现自我的人生价值。即使作为普通的员工，具有良好的领导能力，同样会使得他的能力和价值得到无限延伸。既然领导能力是如此重要，你是不是想知道自己是否具有一定的领导能力呢？那么，就按着实际情况回答下面的问题，对自己我的领导能力做一个检测。

1. 当他人拜托你帮忙做一件事情的时候，你一般——

A. 不会拒绝；

B. 因人而论；

C. 没有任何理由地拒绝。

2. 对于所发生的一件事情，你是对的——

A. 坚决地说出自己的意见；

B. 保持一种无所谓的态度，以避免与人发生争执；

C. 不会发表任何意见。

3. 对于公司的规章制度——

A. 严格遵守；

B. 有的遵守；有的不遵守；

C. 从来没有去注意这方面的事情。

4. 当你做错了一件事，对他人造成了伤害，你会——

A. 主动向对方道歉；

B. 可能会向对方道歉；

C. 从来不会向对方道歉。

5. 如果有人笑你身上的衣服，你会——

A. 再穿它一遍；

B. 感到有些不知所措；

C. 不予理睬。

6. 当你坐车时，司机开车笨手笨脚，或者前面的车子挡住了你驱车前行的路——

A. 提醒他们；

B. 耐心等待；

C. 咒骂他们。

7. 如果你向某人说起一件事情的时候，对方半天都难以明白，你会——

A. 耐心地再说一遍；

B. 感到无奈；

C. 继续说下去。

8. 如果你是一个领导者，布置下去的工作下属没有做好，你会——

A. 询问具体原因，并且帮助对方找出关键所在；

B. 感到无奈，认为自己用错了人；

C. 愤怒，不问青红皂白地批评。

9. 对于一件重要的事情，你是否放心让别人替你做——

A. 因人而异，就事而论；

B. 很少；

C. 从来不会。

10. 对于自我和他人，你的要求——

A. 严于律己，对自己要求更高；

B. 一样的严厉；

C. 对他人要比自己严厉。

答案已经出来了，如果你选择的答案大部分是A，那么说明你是一个拥有杰出领导能力的人。你的领导能力如果得到一个很好的机遇，会促使你走向成功。如果你所选择的大多是B或者C。那么，你就应该多加注意，寻找方法去提高自身的领导能力。

几种提高领导能力的趣味游戏

在现在这个科技高度发达的时代，各行各业之间的联系也变得越来越密切，对想成功和卓越的人士提出了更高的要求，就是必须具备一个国王或者城堡堡主的素质——领导能力。因为，对领导者来说，领导能力可以促使他领导一个团队向预定的目标前进；即使不是领导者，拥有杰出的领导能力同样能使他获得无限广大的发展空间，使自己的能力不断发挥、发展下去。

在这儿，还是像以往一样告诉大家几个有关提高领导能力的益趣游戏。

A. 绝对命令

这是锻造领导能力之中威信的一种游戏，是一种需要有人配合的游戏，在很大程度上可以说是建立一种信心，颇有自娱自乐的妙处。游戏是这样的：其中一个人扮演领导者，其他人扮演下属。扮演领导者的可以向下属发布任何指示，甚至是不可理喻的指示。而下属应该无条件绝对地执行。

B. 军事演习

培养协调和宏观调控力，以提高领导能力。不过这个游戏较为复杂，参与的人数也较多。在游戏之前，要将参与者按照平均数分为两组，并且设定好一个目标，双方共同为了达到这一目标而前进。

值得提醒的是，在游戏的过程之中，作为其中一方的指挥官，你可以采取任何的方法，包括阻止对方接近目标。你要始终记住的是，不要让对方比你先接近目标，甚至可以用“为了达到目标而不择手段”来形容。

C. 我是你们的下属

这是从自我的感受了解下属的游戏方式，属于角色扮演类游戏。游戏同样简单。这种游戏最好是找自己最可靠的朋友一起玩。你可以扮演下属角色，让你的朋友扮演上司。并且，是一个吹毛求疵的上司，有事没事在你的身上找毛病。就是一句话：用一种看你不顺眼的方式去刺激你。

这个游戏的目的，便是让你换位思考，从一个下属的角度去想象当时你作为上司批评他们的时候，他们会有什么样的感受。

虽然领导能力是各种能力的综合表现，也有很多种提高的方法和方式，但想要走向成功的你，试试看这几个游戏是否真的会让你的领导能力有所提高。